U0165496

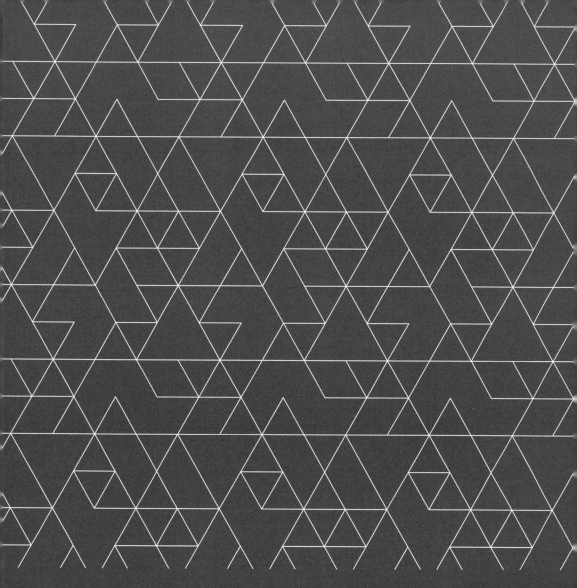

企業暨無形資產評價
案例研習 增訂二版

林景新、陳政大————————著

五南圖書出版公司 印行

推薦序——丁序

　　因應全球知識經濟的蓬勃發展與快速變遷，以及產業發展型態的更迭與轉型，世界各國皆積極鼓勵研究發展與創新，以帶動產業及經濟的發展。其中，「無形資產」更是決定企業價值、維持市場競爭優勢之重要資產。近年來，政府大力扶持新興產業，更是推動臺灣創新動能、改善國內投資環境與提升國際競爭力之重要關鍵。因此，無形資產的價值及其相關價值之評估、運用與管理，遂成為各界不容忽視的議題。

　　企業價值不應僅止於所擁有的有形資產，而應擴及無形資產。簡單來說，無形資產係指由特定之主體所擁有，無實際形體、可辨識及具未來經濟效益之非貨幣性資產，例如智慧財產權、專利、品牌、商標或著作權都是常見的無形資產。依財團法人會計研究發展基金會所訂《評價準則公報》第七號「無形資產之評價」中亦提及，無形資產通常可歸屬於一種或多種類型，例如：行銷相關之無形資產、客戶相關之無形資產、文化創意相關之無形資產、合約相關之無形資產及技術相關之無形資產。由此觀之，無形資產存在於企業之形態眾多，必須仰賴專業之判斷與眼光，才能加以發掘並給予適當的評價，亦能有效的彰顯並提升企業真實之價值。

　　本書作者林景新老師與陳政大專利師為多年舊識，對於無形資產評價制度多所關注並有充分之研究。景新老師曾經服務於台灣積體電路製造股份有限公司及國內其他知名之上市上櫃大型企業，與陳政大專利師同為美國 NACVA（National Association of Certified Valuation Analysts）協會認證之評價分析師。景新老師目前任教於實踐大學管理學院，由於常年穿梭於課堂與實務，本書內容完整的呈現其實務運用之視角，深入淺出的說明也讓初學者讀起來毫不費

力。本書的共同作者陳政大專利師，除了在專利權與商標權相關領域造詣深厚之外，亦同時跨足評價制度相關領域。在評價制度與實務案例的運用當中，必須熟稔智慧財產權之運用，方能適切妥善地評估受評價標的之價值，陳專利師在書中娓娓道來，相信定能讓讀者獲益匪淺。欣見本書付梓，本人樂為推薦，並以此序表達敬意。

實踐大學　丁斌首　校長

2023.2.1

為有源頭活水來

　　伴隨知識經濟時代來臨，無形資產的價值逐漸受到重視，緣由無他，因為無形資產本來就是企業價值的重要一部分。有別於傳統上以會計原則作為有形資產（如土地、廠房或機器設備等）作為計算資產之主要依據，倘若能結合無形資產評價技術，將更能正確反映企業的真正價值。這樣的觀念近年來逐漸被應用於高科技產業以及新創事業，讓透過研發所產生的智識財產權等無形資產也能得到應有的評價。未來期待文化內容產業與文化資產也都能廣為利用無形資產評價制度，相信更有利於投融資之取得，也裨益於產業之振興與資產之保存。

　　「半畝方塘一鑑開，天光雲影共徘徊。問渠哪得清如許？為有源頭活水來。」是宋代朱熹《觀書有感二首・其一》中的著名詩句，尾句中強調永不枯竭的源頭所輸送的活水是池塘常保清澈與生命活力的原因，無形資產評價制度可以為產業帶來活水（資金），也正是如此。為使制度更形周延，《產業創新條例》第 13 條於 106 年 11 月 22 日修正公布，並於第 1 項中明文規定：「為協助呈現產業創新之無形資產價值，中央主管機關應邀集相關機關辦理下列事項：一、訂定及落實評價基準。二、建立及管理評價資料庫。三、培訓評價人員、建立評價人員與機構之登錄及管理機制。四、推動無形資產投融資、證券化交易、保險、完工保證及其他事項。」嗣後，陸續分別於 107 年 5 月 29 日發布《無形資產評價基準暨評價資料庫之建置與管理辦法》以及同年 6 月 4 日發布《無形資產評價人員及機構登錄管理辦法》作為配套，除使法制更形完備外，也代

表政府推動此項重要機制的決心，誠值肯定。

　　然而，制度之推動除需有良好法制的建構外，亦有賴實務界的實踐與教育界的培養，方能使我國無形資產評價的種子結果開花。這樣的急迫需求，也同樣被景新兄所洞察，因此得悉其投身教育界並大力推動無形資產評價時，自是喜不自勝。走在校園中，這位「景新老師」受到學生們的喜愛，無形資產評價的課程更是堂堂爆滿，看在參與制度推動者的眼中，深感欣慰，也為所任教的大學與學子們感到高興。「景新老師」告訴我，從事教育最滿足的事，是和學生們一同成長，並建立亦師亦友的關係，這是為人師表的心聲，也是教育的真諦。修習課程的學生來自不同學系，卻能在課程結束後對於無形資產評價產生興趣，甚至順利通過評價相關考試，這也是跨領域教學的成功範例。

　　《企業暨無形資產評價案例研習》是繼景新兄的前作《企業暨無形資產評價》後推出之力作，除保留前作的重要菁華，並修訂更新之相關規定與制度外，更與同為美國 NACVA 認證評價分析師的陳政大專利師攜手合作，以精采的案例導入評價思維解構，結合理論與實務，對於有心進入無形資產評價領域者有莫大助益，是學界之幸，是國家之福！

　　書成之際，二位作者熱情邀請，囑余撰序。在拜讀後，除欣喜台灣能夠有此書的問世，更迫不及待地希望更多人能夠閱讀，藉由案例領略無形資產評價的運作與實際。祝福每一位讀者！

李智仁 博士

文化部國家電影及視聽文化中心執行長
經濟部無形資產評價能力鑑定專業委員會委員
財團法人台北金融研究發展基金會董事

作者序 1

受到新冠疫情的影響，企業加速數位轉型與遠端科技的應用，KPMG 指出，大型企業趁勢併購及投資，市場汰弱留強，加上 2020 年全球開放銀行（Open Banking）興起、AI 與 5G 技術應用漸趨成熟，爲全球金融科技產業帶來利多。另一方面，疫情改變了消費者習慣，提升了行動支付、網路銀行等數位服務的使用頻率，金融科技新商機也有望大幅成長。

近年來，基於國際投資人及產業鏈日益重視 ESG（Environmental, Social and Governance, ESG）相關議題，實有必要擴大上市櫃公司編製企業社會責任（Corporate social responsibility, CSR）報告書之範圍，持續提升 ESG 資訊揭露，並提醒企業應該注重環境、社會及治理等相關利害關係之議題。另一方面，國際間積極倡導追求「永續發展」趨勢之下，「永續經營」遂成爲影響企業價值的關鍵要素。因此，國際間評價分析師執行企業價值評估時，必須將 ESG 納入考量。

新冠疫情加速數位化時代的來臨，企業必須重新調整思維，將科技思維嵌入日常營運當中，主動採取積極的資安措施；甚至要從駭客或威脅者的角度來思考，在數位風險尚未開始形成之前就預先進行防禦甚至反制。以防禦的角度觀之，不僅可以保護企業資產安全；若以進攻的角度來看，還可能成爲其他企業的策略合作夥伴，增加數位轉型的優勢，進而有效地管理相關的數位風險。

企業必須調整心態、改變經營模式，大膽的跨出舊有成功的經營模式，積極的進行新的經營策略規劃與分析，再將有限的資源投入最具經濟效益的商業活動中。「創造核心價值」將是未來企業組織再造、創新經營的重要關鍵。企業必須先知道自己擁有多少價

值，再進一步尋求並開創潛在的價值，最後再將創造核心價值的經營理念導入企業經營管理模式中。換言之，不僅追求企業價值最大化，甚至要追求員工福利最大化與投資人利潤最大化，才能促使企業整體同心協力，為共同的目標全力以赴。

　　本書旨在協助高教學生、社會新鮮人以及對企業暨無形資產評價領域有興趣者，有一個初步卻頗為重要的基本概念，無論在未來職場上或是參加相關證照考試均有助益；對於大學諸多系所正在大力推動的深化與跨領域教學，亦可產生實益。

林景新　　2022/12/25

美國 NACVA 認證評價分析師（證書號 51139）

工研院無形資產評價種子師資認證書

（證書號 2317020013-0004）

實踐大學企業管理學系助理教授

　　隨著新創的興起，無形資產越受重視，無形資產在企業資產中的占比，也是逐年增加，也有越來越多的新創企業是以無形資產作為競爭優勢核心而興起。無形資產的管理與運用，不僅攸關企業價值，更是企業成長之關鍵。無形資產中，智慧財產權越來越受到關注，特別是專利、商標、營業秘密等都成為企業管理與行銷的要點，也是企業競爭策略的核心。專利作為保護企業技術研發的智慧財產權，在傳統上多是用於保護研發成果，在產品或服務的競爭上去主張專利權，以排除或阻礙競爭對手在市場上的競爭。因此，過去企業在專利權應用的重點在於訴訟發起前的管理與訴訟規劃、訴訟程序中的運用與應對、訴訟程序外的和解與授權等。專利為無形資產其中之一者，現今對企業的影響不僅在於權利的行使，重要的是專利的應用，能為企業帶來經濟上的效益。當然，其他的智慧財產權也是如此。也因此，智慧財產權的應用也越見多元，例如專利融資、專利作價入股、專利證券化以至專利保險等，都能為企業或權利人帶來不同面向的經濟上利益。

　　筆者身為專利師、評價分析師，處理過許多無形資產評價案件，其中以專利評價案件為大宗。雖然處理的評價案件眾多，但評價過程非僅止於公式操作，更多的是在每一件無形資產評價案件的情境中所遭遇的問題，例如智慧財產權的權利是否尚在存續期間、權利歸屬是否有違反法規或契約約定、是否存在權利無效的瑕疵、如何評估智慧財產權商品化的難度、企業是否有足夠能力實施智慧財產權商品化、如何判斷智慧財產權與商品的關聯性等，當然其他關於財務的問題更是不在話下。因此，如何在個案中的困難處找出可評估價值的方式，是評價過程中最重要的難題。筆者在不同案件

的評價過程中，多次請益林景新老師，討論對個案的看法與可行方案，收穫良多。也因此，評價人員不僅要理解無形資產評價理論、原則，對智慧財產法規的認識，更有賴於評價經驗的積累。

　　本書重點在於企業暨無形資產評價的基礎理論、原則的說明，也有不同無形資產評價案例輔以理解、操作，在面對不同情境下提供不同評價方式的思維邏輯。非常感謝林景新老師不吝給予機會，讓筆者有機會將過去智慧財產權評價的處理經驗轉化為案例分享，冀希能讓讀者對無形資產評價的理解建立專業且完整的架構，並透過案例更加熟諳評價的思維與操作。

陳政大　　2022/12/23

中華民國專利師／中國大陸專利代理師

美國 NACVA 認證評價分析師

中華民國專利師公會理事

中華民國專利師公會無形資產評價委員會主任委員

中華民國專利師公會兩岸事務委員會主任委員

目錄 ▼

PART 1
評價總論──
企業暨無形資產評價

武功祕笈

▶ 評價究竟是一門藝術還是一門科學？

▶ 只要遵循《評價準則公報》的評價程序，任何人都可以執行評價
工作嗎？

▶ 比較受到社會大眾尊崇的企業，其價值結論一定會比較好嗎？

▶ 如果受評價標的不具有太好的獲利性，評價人員是否應該據實以
告呢？

▶ 只要無實際形體的資產，都可以稱為無形資產嗎？

▶ 知名度高的品牌一定都能夠帶來高價值嗎？

▶ 影響企業暨無形資產價值的因素不勝枚舉，是否都要全部納入考
慮呢？

▶ 為了促進評價專業蓬勃發展，政府可以提供什麼樣的協助呢？

何謂企業評價、
企業評價的程序與架構

案例研習 1

✦Dustin 和 Jander 二人是美國企業價值分析師協會（National Association of Certified Valuators and Analysts, NACVA）認證之評價分析師，各自在不同領域發展。某日 Dustin 邀請 Jander 至任教的大學進行「無形資產評價」專題演講，席間學生們佳評如潮，並提出以下幾個問題：

什麼是企業評價？企業評價也是一門社會科學嗎？

台灣的護國神山台積電如此備受尊崇，是否也意味著台積電的價值應該高出台灣其他公司的價值呢？

一、企業評價序論

　　「評價」這個詞彙通常包含質化與量化的雙層意義。就質化而言，含有其品質、內涵的層面，例如「這家餐廳在餐飲業的評價不佳」，也就是說，這家餐廳在一般人心目中的餐飲的品質、口味、衛生或是性價比不是很好。但是從量化來看，則有評估其價值的層面，例如「這項專利技術評價結果價值新臺幣 300 萬元」，而本書所指的「企業評價」強調的是後者，也就是「量化」的評價。

二、何謂企業評價

　　「企業評價」從字面上的意義簡單來說，就是「這家企業值多少錢？」這個看似簡單的問題卻又隱藏著許多複雜的層面。例如，有人認為，「企業評價」太過主觀，欠缺一套客觀的方法；有人認為，「企業評價」最後價格的決定往往是交易雙方憑直覺、感覺或是自己過去類似交易的成交經驗。上述的案件或許曾經發生，但是在世界各地日益重視公司治理、財務報表公開透明化及股東追求利潤最大化的風潮下，過去光憑直覺、感覺作出的草率決定，是否還可以站得住腳呢？股東上法院控告經營者決策不當、漠視投資人利益等損害賠償案件可能也會不斷的出現。

　　提到企業的價值，根據美國財富（Fortune）雜誌[1]發表 2022 年全球最受尊崇企業排行榜（World's Most Admired Companies），美商蘋果、亞馬遜和微軟已連續三年分別排名第 1 名、第 2 名及第 3 名，這也是蘋果連續十五年位居第 1。在新冠疫情持續肆虐之際，Covid-19 疫苗開發業者輝瑞（Pfizer）今年一路躍升至第 4 名。

　　全球最受尊崇企業排行榜是財富雜誌和 Korn Ferry 企管顧問公司共同製作，從全球 1,500 家企業層層挑選出來的結果。這 1,500 家企業包括美國年營收最高的前 1,000 家企業，以及年營收在 100 億美元以上的財富雜誌全球五百大企業。財富雜誌先從上述之 1,500 家企業中選出營收最高的 680 家企業，再訪問 3,750 位企業領

---

1. 是一本美國商業雜誌，由亨利・路思義創辦於 1930 年，擁有專業財經分析和報導，以經典的案例分析見長，是世界上最有影響力的商業雜誌之一。現屬時代公司。《Fortune》自 1954 年推出世界五百強排行榜，歷來都成為經濟界關注的焦點，影響巨大。

袖、主管及分析師，根據企業創新、人事管理、企業資產運用、社
會責任、管理品質、財務健全性、長期投資價值、產品服務品質及
全球競爭力等多項指標加以評分，最終整理出總排名及五十二大產
業類別的排名。

　　若細看熱門產業類別，以半導體產業來說，台積電榮登半導體
產業第一名寶座，也是台灣企業唯一拿下分類第 1 名的公司；輝達
電子[2]（Nvidia）和超微半導體[3]（AMD）則分別獲得第 2 名及第 3 名。
至於電腦製造業，華碩拿下第 6 名，與 2021 年持平；電腦製造業
與電腦軟體業的前 10 名幾乎全由美國企業所占據。

　　另外，以網路服務與零售類別來說，亞馬遜依舊稱霸，
Alphabet 則緊追在後拿下第 2 名，騰訊控股、阿里巴巴、京東商城
和小米則分別拿下第 3 名、第 5 名、第 6 名和第 8 名，不難看出美
國與中國在此類別確實占有領導地位。

　　旅遊飯店和賭場業第 1 名為美國萬豪集團（Marriott），前 8
名全由美國企業所包辦；至於娛樂產業部分，第 1 名仍為迪士尼
（Walt Disney）奪下冠軍，Netflix 緊追在後位居第 2，前 8 名除了
日本 Nintendo 位居第 5 之外，其他全由美國企業拿下。全球最受尊
崇企業排行榜完整名單請看 https://fortune.com/worlds-most-admired-
companies/2022/。

---

2. 輝達電子（Nvidia Corporation），創立於 1993 年 1 月，是一家以設計和銷售圖形處理器為
主的無廠半導體公司。

3. 超微半導體公司（Advanced Micro Devices, Inc., AMD），創立於 1969 年，是一家專注於微
處理器及相關技術設計的跨國公司，總部位於美國加州舊金山灣區矽谷內的森尼韋爾市。最
初，AMD 擁有晶圓廠來製造其設計的晶片，自 2009 年 AMD 將自家晶圓廠拆分為現今的格羅
方德以後，成為無廠半導體公司，僅負責硬體積體電路設計及產品銷售業務。現時，AMD 的
主要產品是中央處理器（包括嵌入式平台）、圖形處理器、主機板晶片組以及電腦記憶體。

　　雖然，最受尊崇的企業與最有價值的企業，這兩種頭銜並不全然會畫上等號，但是，如果一家企業能夠獲得最受尊崇頭銜的肯定，所享有的地位與無形的榮譽多多少少存在著不斐的價值。

　　「企業評價」不論是由企業經營者主動提出、股東要求，或是坊間雜誌和企管顧問公司提出，基本上都牽涉到企業資源的重新配置。因為評價的動機不外乎是企業有進行買賣、合併、收購等交易或是其他關於法務、財務、稅務及管理方面的需求。

　　依據《評價準則公報》第十一號「企業之評價」第 2 條規定：「評價人員執行企業評價時，應遵循本公報暨其他評價準則公報之相關規定。企業評價係評估並決定企業價值之行為或流程，評價標的可為企業整體、企業之部分業務及企業權益之全部或部分。」

　　由此觀之，「企業評價」是非常科學而且客觀的。表面上，「企業評價」就是蒐集一大堆資料、估算出一些數字，最後再將這些數字套入評價公式中，因此評價應該算是一門相當嚴謹的科學。但是評價專業所牽涉到的不僅僅是數據及量化的分析，還包含不少層面的質化的分析。「企業評價」困難之處，在於其對外在環境（包含經濟、產業及市場等環境）因素是否會影響到企業未來經營的成長力、獲利力的衝擊，必須轉化成量化的參數，而如何轉化成既可靠又正確參數的過程，即有賴於評價人員的專業經驗與分析能力。

三、企業資產的分類

　　企業的資產依其是否具有實體形式可分為：

（一）有形資產

有形資產又可分為生產有形資產和非生產有形資產。

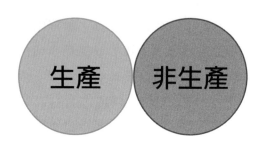

1. **生產有形資產**：是指經由生產或製造活動所創造出來的資產，包括有形固定資產、存貨（庫存）和珍貴物品。其中有形固定資產又分為住宅、其他房屋和建築物、機器和設備、培育資產。
2. **非生產有形資產**：是指自然提供未經生產或製造而取得的資產，包括土地、地下資產、非培育生物資源、水資源。

（二）無形資產

關於無形資產的分類，我們將會在第二章予以詳細說明。

商譽

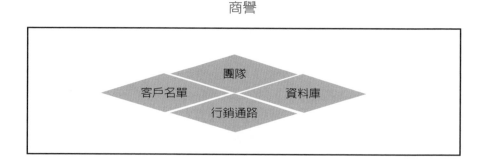

智慧財產權

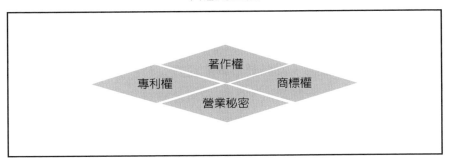

　　在評價專業領域裡，有兩個專有名詞——評價（Valuation）與鑑價（Appraisal）常常會造成社會大眾的困擾。美國企業評價業界 Gary E. Jones 與 Dirk Van Dyke 在他們的著作中《*The Business of Business Valuation*》[4] 清楚的說明評價與鑑價兩者之間的差異：

　　While valuations and appraisals are similar in ways, they are not interchangeable. The key difference between a valuation and an appraisal is that a valuation includes the tangible and intangible assets of a business as a going concern, while an appraisal is solely for tangible, or physical, assets.

　　也就是說，雖然評價與鑑價有許多相同之處，但是兩者並非完全一樣。評價對象包含有形資產與無形資產，而鑑價的對象通常只針對有形資產，而美國全國認證企業價值分析師協會（National

---

4.《*The Business of Business Valuation: The Professional's Guide to Leading Your Client Through the Valuation Process*》於 1998 年由 Gary E. Jones 與 Dirk Van Dyke 著作。

Association of Certified Valuators and Analysts, NACVA）[5] 也持相同的看法。

在許多情況下，要進行「企業評價」常常必須倚賴「資產鑑價」的協助。例如，要對一家經營不善的企業進行評價，如單純以獲利能力的觀點切入，所評估出來的價值可能會遠低於企業資產的帳面價值，這個時候就需要借助資產鑑價師或工程顧問，特別針對該企業各式各樣的資產（原物料、存貨、機器設備、廠房、土地等）進行鑑價，以作為企業整體評價的參考，而不是單從獲利能力的角度進行評價。值得一提的是，鑑價的原則通常以該類資產，現在及過去類似資產的成交行情作為價值評定的主要依據，因此相關交易資料庫的建立及分析，與鑑價的可信度或可靠性息息相關。

四、企業評價的程序與架構

「企業評價」雖然包含主觀、經驗與個人判斷等「藝術層面」，但是我們也需要強調其客觀、一致性與系統化等「科學層面」。評價分析師個人的經驗與社會歷練當然對他作出企業價值結論的掌握有所幫助，但是評估企業的價值如果單純只是憑藉分析師個人的經驗，將會使評價專業未來的發展受到嚴重的限制。

一般來說，企業評價應該加強「科學層面」，使得評價結果得以在一個公開化與透明化的平台基礎上，接受社會大眾的評論與檢驗。

---

5. 美國全國認證企業價值分析師協會，1991 年在美國鹽湖城成立，專門從事企業價值評估，通過培訓和認證相關領域的財務專家支援使用者使用企業價值評估服務、無形資產評估和金融訴訟等服務。

接下來，我們將繼續探討企業評價中屬於「科學層面」的評價程序與評價架構議題。評價的程序大致可分為五個主要階段：（一）確認評價任務；（二）調查與蒐集相關資訊；（三）資訊分析；（四）價值評估；（五）評價報告撰寫。

評價程序五大主要階段，不但要有一定的邏輯順序，在實際執行上也有一定的時間次序要求。因為評價人員依據上述的程序，在執行評價工作的過程中才不致雜亂失序，並且能在條理分明、重視邏輯、井然有序的養成中培育出嚴謹的態度，藉以提升評價報告的品質。

評價工作基本規範[6]大致可分為下列四大步驟：

（一）委任關係的建立

除了與委託人初步討論以便瞭解評價的目的並確認是否決定接受委任案件之外，在這個步驟還要先瞭解委託人的需求、評估報告完成的時間及經費是否足夠等問題。

（二）初步研究與資料蒐集

接受委任案件之後，便可以寄發資料需求通知函並核對所取得的資料是否完整、正確，並要求親自前往受評企業作實地訪查。另一方面，開始著手進行資料的研究與總體經濟分析、產業及相關同業分析，在這個階段還是要隨時與客戶保持聯繫。

---

6. 由中華企業評價學會制定，詳細資料內容參閱本書第十四章或自行上網查閱中華企業評價學會網址 http://www.valuation.org.tw/。該學會為一學術社團法人，目前有數百位個人及企業會員，成立目的著重於推廣企業評價學術活動，以及出版刊物、文宣品等宣導企業評價及知識經濟。

（三）全面分析

　　這個階段開始要對受評企業作全面的財務及非財務資料分析，並針對與該企業相關的經濟、產業及相關同業因素作細部分析，還是隨時與客戶保持聯繫，並告知我方的工作進度。

（四）作出價值結論與評價報告

　　這個階段必須依據上一個階段的分析並考量經濟、產業環境因素確定出適合的評價方法，接著考量控制權及市場流通性因素做必要的折、溢價調整，接下來，綜合所有資訊作出價值估計，再次檢驗價值估計的合理性，與客戶保持聯繫，並以口頭告知評價報告的初稿，最後，出具正式的書面評價報告。

　　另外，我們必須再次提醒讀者及評價人員的是，依據《評價準則公報》第一號「評價準則公報訂定之目的與架構」的定義：「評價係指評估評價標的之經濟價值之行為或過程，該評估須經嚴謹之專業判斷並遵循職業道德規範。」評價是一種專門職業，從事專門職業的執業人或工作者，國際間例如美國、英國及中國等主要國家，都會受到嚴格的管制。也就是說，除了具備專業能力之外，還必須遵守該行業的「行規」，也就是職業道德規範。目前該規範最新的版本是由財團法人會計研究發展基金會於 2020 年 9 月所修訂，讀者及評價人員可自行參閱本書附錄一之「評價報告相關準則」第二號「職業道德準則 [7]」。

---

7. 詳細資料內容參閱附錄一「評價報告相關準則」第二號「職業道德準則」。

　　「企業評價」是非常專業性的工作，我們在職場上常常聽到所謂的「三師」，也就是醫師、律師及會計師。這些專業領域人士的專業形象，是代表他們所受過的教育，而其權威性則由於他們通過國家考試的認證資格所建立。目前台灣許多評價業者希望積極的透過訓練課程、評價專業人員加入同業公會或鑑定考試制度、評價分析專業人員認證等多元化的途徑，藉以強化並提升評價專業領域的形象與權威性。

　　職業道德是專門職業從業人員受人尊重與信任的基礎，評價專業人員為了提升自身專業的形象，除了職業道德規範消極約束之外，也應該建立自律機制、自我要求。我們相信不久台灣評價專業領域將會朝向國際化，更進一步與國際評價專業機構接軌。

二

何謂無形資產評價、無形資產類別與權利範圍辨識

案例研習 2

✦ Mr. Richman 擁有澳洲鐵礦砂的採礦權與世界上最乾旱的
沙漠 —— 阿塔卡馬沙漠水井的取水權，採礦權與取水權應
歸屬為有形資產？還是無形資產呢？這類的物權都能夠受
到法律的保護嗎？

✦ 小張是一位研發工程師，任職於某軟體公司期間所完成的
發明或創作，此項專利申請權及專利權究竟是歸屬於小張
呢？還是應該歸屬於其雇主公司呢？如果小張因自行努力
研究與職務上無關的課題，所完成非職務上的發明或創
作，該項專利申請權及專利權又歸屬於誰呢？

一、無形資產的定義

　　讓我們延續第一章「無形資產的分類」這個話題，既然稱之爲
「無形資產」，它就屬於「資產」，只不過這個資產它是無形的。
依據《評價準則公報》第七號「無形資產之評價」第 5 條的定義，
「無形資產」係指：（一）無實際形體、可辨認及具未來經濟效益
之非貨幣性資產；（二）商譽。

　　目前《評價準則公報》所定義的「無形資產」，係狹義的無形
資產。因此它將無實際形體、可辨認及具未來經濟效益的「貨幣性

資產」（或稱金融資產）排除在無形資產的定義之外，一則是「貨幣性資產」評價較為特殊性，一則是因為另有《評價準則公報》第十二號「金融工具之評價」[1]加以規範。

　　本書對「無形資產」的研討，僅以狹義的無形資產為限，也就是說僅包含無實際形體、可辨認及具未來經濟效益之非貨幣性資產及商譽，將無實際形體、可辨認及具未來經濟效益的「貨幣性資產」排除在外。

二、無形資產的分類

　　Robert F. Reilly and Robert P. Schweihs 在 2016 年出版的著作《無形資產評價指南》（*Guide to Intangible Asset Valuation, 2016*）[2] 中，以 2×2 將企業的資產分類成四大類別（見表 2-1），其中第一象限區分為有形資產與無形資產，而第二象限區分不動產與個人資產。

The Four Categories of Business Assets

	Realty Assets	Personalty Assets
Tangible Assets	Tangible Real Estate	Tangible Personal Property
Intangible Assets	Intangible Real Property	Intangible Personal Property

---

1. 《評價準則公報》第十二號「金融工具之評價」於 2020.09.25 第一次修訂，詳細資料內容可上網查閱財團法人會計研究發展基金會網址 http://www.ardf.org.tw/ardf.html。
2. 詳細資料內容參閱《*Guide to Intangible Asset Valuation*》，Revised Edition，2016 年 11 月，第一章「Identification of Intangible Assets」，第 13 頁。

表 2-1

	不動產	個人資產
有形資產	土地 土地改良物 建築物 建築物改良物	機器設備 交通工具 電腦 生財器具
無形資產	租賃 占有特許 建照許可 航權 採礦權 取水權 鑽探權 地役權	金融資產 一般商業無形資產 智慧財產： 商標與貿易名稱 專利 著作權 營業秘密 商譽

1. **金融資產**：或稱為貨幣性資產，如上一節所提及的，本書對「無形資產」的研討，僅以狹義的無形資產為限，所以已排除在無形資產的定義之外。

2. **一般商業無形資產**：通常是由企業在正常的營業活動所產生，包含客戶關係、供應商關係、受過訓練的工作團隊、證照與許可證、企業作業系統、內部作業程序及公司的內部帳簿等。

3. **智慧財產（Intellectual Property）**：或稱為知識產權，包含商標與貿易名稱、專利、著作權及營業秘密。雖然各國都有立法保護，但是智慧財產的種類、範圍及保護方式並不相同。目前台灣關於智慧財產權的法律有《商標法》、《專利法》、《著作權法》、《營業秘密法》及《積體電路電路布局保護法》。

4. **商譽（Goodwill）**：係指源自企業、業務或資產群組的未來經濟效益，且無法與企業、業務或資產群組分離者。但是依據《評價準則公報》第七號「無形資產之評價」第 5 條所提的「上述商譽

的定義係用於評價案件，可能與會計及稅務上對商譽之定義有所不同」。

既然提到「智慧財產」，就不能不提到台灣一家未上市公司速博思，該公司成立於 2012 年 8 月，目前各國獲證專利件數已超過 200 件。速博思一直以來致力於創新發明，以「微擾共振」技術為核心，衍生出革命性的產品技術。在指紋辨識感測上，速博思率先開發出世界唯一的 Off-Chip 電容式指紋辨識技術。

速博思總經理李祥宇說，他一直都在解決各種問題，而遇到問題，其實可以換個角度看事情，因此他出很多怪招，產生了很多發明。每次解決了問題，他就申請專利。根據媒體報導「對於由自己領導的速博思身懷獨家技術，是否可能出現同業有意併購，是否考慮出售？」李祥宇認為，這要看有無併購需求存在，想出手併購者會考量潛在標的賺多少利潤、買了會不會賺錢，或者是否威脅到其市場地位，買了有多少附加價值等。李祥宇表示，現在做指紋辨識 IC 的業者眾多，客戶沒技術可以在市場選擇購買產品就好，至於若是本身已有技術的業者，若外購技術來加強甚至取代的選項，可能會與其內部團隊有所衝突，所以除非是本身沒有技術，又被打得節節敗退，打不贏的業者才有可能出手併購。同時也要等速博思的產品出來，才有機會打贏別人，現在還沒有輸贏的問題，因此在該公司的產品面世之前，對其他同業並沒有造成壓力，而且速博思也沒有進入手機市場。除非速博思開始賺錢，將其買下來才是加分，但如果是這樣的情況，該公司才剛要擴展廣大的市場，享有本夢比，本益比可能還比本夢比低，併購不見得划算。同時，速博思如果已經開始賺錢，又何必出售？

由此看來，智慧財產或是其他無形資產的外在價值不單單只是

獲證專利件數多寡的問題，而是與整體的市場變化息息相關。出售獲證的專利、獨家技術或是授權，甚至於與其他企業合併，這些問題都牽涉到該智慧財產或是該專利背後隱藏的真正附加價值。

由於科技的進步、權利意識逐漸抬頭，同產業之間競爭更加激烈，加上近年來侵權案件頻傳，「智慧財產權」一時之間成為報章媒體上常會聽到的話題，企業間為了維護自身的智慧財產或專利等無形資產權利，訴諸法律訴訟也是時有耳聞。國際之間為了公平貿易與競爭關係，「智慧財產權」的保護也就常常被列為談判的議題。

「智慧財產權」和現代人的生活息息相關，以「智慧財產權」的種類來看，專利權最多，商標權次之，著作權及營業秘密最少。因為「智慧財產權」是現今商場上的致勝武器，經常涉及難以估計的經濟利益，也是無形資產中受到法律承認、保護的部分，但是也由於它沒有實際的形體、性質特殊且不易保管及維護，因此常常被誤用或不當使用。因此，我們認為要執行無形資產評價工作之前，必須試著先認識它們。接下來，我們就針對「智慧財產權」的四大類別加以整理說明：

（一）商標與貿易名稱

由於商標或品牌具有高度的商業經濟價值，一般業者經常藉由商標或品牌在商品或其形象中不斷的創新，某些商標或品牌的價值也因為商品的大賣、獲利的提升而水漲船高，因此企業界在推出新商品的同時，都要先取得「商標權」來保護自己的產品。商標之所以要受到保護，不只存在於商標使用者對該商標的創作，也在於商標使用者用該商標來表彰自己的商品或服務，所以該商標已成為消

費者辨識該商品或服務的標識，也成爲消費者認知該商品的來源或品質的依據。

1. **商標權取得方式**：大致上可分爲下列兩種方式：

　⑴**使用主義**：基於實際使用商標於商品上或與其服務業務相關連相當時日取得者，例如美國即探使用主義。

　⑵**註冊主義**：依據《商標法》第 33 條第 1 項規定：「商標自註冊公告當日起，由權利人取得商標權，商標權期間爲十年。」例如台灣即探註冊主義。

2. **商標權取得要件**：參照《商標法》第 18 條規定：「商標，指任何具有識別性之標識，得以文字、圖形、記號、顏色、立體形狀、動態、全像圖、聲音等，或其聯合式所組成。」所以商標必須以具體有形的方式呈現出來，即必須具有識別性。

3. **商標權保護年限**：自註冊之日起算，可享有十年之專用權，期間屆滿，另可申請延展，不斷延長使用年限，以資保護。

4. **商標權註冊程序**：參照《商標法》第 20 條規定：「在與中華民國有相互承認優先權之國家或世界貿易組織會員，依法申請註冊之商標，其申請人於第一次申請日後六個月內，向中華民國就該申請同一之部分或全部商品或服務，以相同商標申請註冊者，得主張優先權（第 1 項）。外國申請人爲非世界貿易組織會員之國民且其所屬國家與中華民國無相互承認優先權者，如於互惠國或世界貿易組織會員領域內，設有住所或營業所者，得依前項規定主張優先權（第 2 項）。依第一項規定主張優先權者，應於申請註冊同時聲明，並於申請書載明下列事項：一、第一次申請之申請日。二、受理該申請之國家或世界貿易組織會員。三、第一次申請之申請案號（第 3 項）。申請人應於申請口後三個月內，

檢送經前項國家或世界貿易組織會員證明受理之申請文件（第 4
項）。未依第三項第一款、第二款或前項規定辦理者，視為未主
張優先權（第 5 項）。主張優先權者，其申請日以優先權日為準
（第 6 項）。主張複數優先權者，各以其商品或服務所主張之優
先權日為申請日（第 7 項）。」

5. 申請程序：參照《商標法》第 19 條規定：「申請商標註冊，應
備具申請書，載明申請人、商標圖樣及指定使用之商品或服務，
向商標專責機關申請之（第 1 項）。申請商標註冊，以提出前項
申請書之日為申請日（第 2 項）。商標圖樣應以清楚、明確、完
整、客觀、持久及易於理解之方式呈現（第 3 項）。申請商標註
冊，應以一申請案一商標之方式為之，並得指定使用於二個以上
類別之商品或服務（第 4 項）。前項商品或服務之分類，於本法
施行細則定之（第 5 項）。類似商品或服務之認定，不受前項商
品或服務分類之限制（第 6 項）。」

（二）專利

　　在科技文明發達的時代，為了鼓勵發明工作與技術的創新，表
彰個人或少數團體研究的成果，必須設立法律予以保護並給予發明
人專有的權利。在專利權期間內，發明人可以利用該權利排除他人
製造、販賣或使用之權利；而在專利權期滿後，其發明內容則完全
歸於社會的公共所有，任何人都可以無償加以利用。

　　專利權從申請經核准而產生，發明人或創作人因完成發明或創
作，自認合於專利要件者，即有提出請求專利權之權利（專利申請
權）。雖然專利權有一定的領域限制，也就是如果想要將專利權延
伸到世界各國，就必須一個國家一個國家提出申請，並沒有所謂的

世界專利，或是透過國際條約或協定向區域性的外國專利單位提出申請。

1. 專利權保護年限：自申請日起算，發明專利二十年、新型專利十年、設計專利十五年。

2. 專利權的種類：目前台灣專利權依據發明或創作內容的不同可以分為發明專利、新型專利、設計專利三種，所受到保護的內容與程度也不相同：

　⑴發明專利：依據《專利法》第 21 條：「發明，指利用自然法則之技術思想之創作。」另外，依據《專利法》第 52 條：「發明專利權期限，自申請日起算二十年屆滿。」

　　①發明專利要件：參照《專利法》第 22 條：「可供產業上利用之發明，無下列情事之一，得依本法申請取得發明專利：一、申請前已見於刊物者。二、申請前已公開實施者。三、申請前已為公眾所知悉者（第 1 項）。發明雖無前項各款所列情事，但為其所屬技術領域中具有通常知識者依申請前之先前技術所能輕易完成時，仍不得取得發明專利（第 2 項）。申請人出於本意或非出於本意所致公開之事實發生後十二個月內申請者，該事實非屬第一項各款或前項不得取得發明專利之情事（第 3 項）。因申請專利而在我國或外國依法於公報上所為之公開係出於申請人本意者，不適用前項規定（第 4 項）。」

　　②發明專利申請：參照《專利法》第 23 條：「申請專利之發明，與申請在先而在其申請後始公開或公告之發明或新型專利申請案所附說明書、申請專利範圍或圖式載明之內容相同者，不得取得發明專利。但其申請人與申請在先之發明或新

型專利申請案之申請人相同者，不在此限。」

③不予發明專利：參照《專利法》第 24 條：「下列各款，不予發明專利：一、動、植物及生產動、植物之主要生物學方法。但微生物學之生產方法，不在此限。二、人類或動物之診斷、治療或外科手術方法。三、妨害公共秩序或善良風俗者。」

(2) 新型專利：依據《專利法》第 104 條：「新型，指利用自然法則之技術思想，對物品之形狀、構造或組合之創作。」另外，依據《專利法》第 114 條：「新型專利權期限，自申請日起算十年屆滿。」

①新型專利要件：參照《專利法》第 107 條：「申請專利之新型，實質上為二個以上之新型時，經專利專責機關通知，或據申請人申請，得為分割之申請（第 1 項）。分割申請應於下列各款之期間內為之：一、原申請案處分前。二、原申請案核准處分書送達後三個月內（第 2 項）。」

②新型專利申請：參照《專利法》第 106 條：「申請新型專利，由專利申請權人備具申請書、說明書、申請專利範圍、摘要及圖式，向專利專責機關申請之（第 1 項）。申請新型專利，以申請書、說明書、申請專利範圍及圖式齊備之日為申請日（第 2 項）。說明書、申請專利範圍及圖式未於申請時提出中文本，而以外文本提出，且於專利專責機關指定期間內補正中文本者，以外文本提出之日為申請日（第 3 項）。未於前項指定期間內補正中文本者，其申請案不予受理。但在處分前補正者，以補正之日為申請日，外文本視為未提出（第 4 項）。」

③不予新型專利：參照《專利法》第 105 條：「新型有妨害公共秩序或善良風俗者，不予新型專利。」

(3)設計專利：依據《專利法》第 121 條：「設計，指對物品之全部或部分之形狀、花紋、色彩或其結合，透過視覺訴求之創作（第 1 項）。應用於物品之電腦圖像及圖形化使用者介面，亦得依本法申請設計專利（第 2 項）。」另外，依據《專利法》第 135 條：「設計專利權期限，自申請日起算爲十五年屆滿；衍生設計專利權期限與原設計專利權期限同時屆滿。」

①設計專利要件：參照《專利法》第 122 條：「可供產業上利用之設計，無下列情事之一，得依本法申請取得設計專利：一、申請前有相同或近似之設計，已見於刊物者。二、申請前有相同或近似之設計，已公開實施者。三、申請前已爲公眾所知悉者（第 1 項）。設計雖無前項各款所列情事，但爲其所屬技藝領域中具有通常知識者依申請前之先前技藝易於思及時，仍不得取得設計專利（第 2 項）。申請人出於本意或非出於本意所致公開之事實發生後六個月內申請者，該事實非屬第一項各款或前項不得取得設計專利之情事（第 3 項）。因申請專利而在我國或外國依法於公報上所爲之公開係出於申請人本意者，不適用前項規定（第 4 項）。」

②設計專利申請：參照《專利法》第 125 條：「申請設計專利，由專利申請權人備具申請書、說明書及圖式，向專利專責機關申請之（第 1 項）。申請設計專利，以申請書、說明書及圖式齊備之日爲申請日（第 2 項）。說明書及圖式未於申請時提出中文本，而以外文本提出，且於專利專責機關指定期間內補正中文本者，以外文本提出之日爲申請日（第 3

項）。未於前項指定期間內補正中文本者，其申請案不予受理。但在處分前補正者，以補正之日爲申請日，外文本視爲未提出（第 4 項）。」

③不予設計專利：參照《專利法》第 124 條：「下列各款，不予設計專利：一、純功能性之物品造形。二、純藝術創作。三、積體電路電路布局及電子電路布局。四、物品妨害公共秩序或善良風俗者。」

3. **專利權的歸屬**：如果某一項發明或創作是在僱傭關係持續期間所完成的，那麼該發明或創作的專利權究竟應該歸屬於發明人或創作人，還是該歸屬於雇主呢？如果受雇人因爲自行努力研究與職務上無關的課題，而完成非職務上的發明或創作，是否就應該歸屬於發明人或創作人呢？

⑴**職務上發明或創作**

①受雇人於職務上所完成之發明、新型或設計，其專利申請權及專利權均屬於雇用人，雇用人應支付受雇人適當之報酬。但是如果僱傭契約另有約定者，從其約定。因爲受雇人所做的是其職務範圍內所應該做的，而且不論發明或創作結果如何或是未來市場上能否被消費者接受，受雇人都可以取得工資或酬勞，也就是說，所有的風險全由雇用人負擔，因此對於雇用人的權益應該多給予保障。

②前項所稱職務上之發明、新型或設計，指受雇人於僱傭關係中之工作所完成之發明、新型或設計。

③一方出資聘請他人從事研究開發者，其專利申請權及專利權之歸屬依雙方契約約定；契約未約定者，屬於發明人、新型創作人或設計人。但出資人得實施其發明、新型或設計。

④依①、③之規定,專利申請權及專利權歸屬於雇用人或出資
人者,發明人、新型創作人或設計人享有姓名表示權。

(2) **非職務上發明或創作**

①受雇人因自行努力研究與職務上無關的課題,完成非職務上
的發明或創作,其專利申請權及專利權均屬於受雇人,但是
如果其發明、新型或設計係利用雇用人資源或經驗者,雇用
人得於支付受雇人合理報酬後,於該事業實施其發明、新型
或設計。

②受雇人完成非職務上之發明、新型或設計,應即以書面通知
雇用人,如有必要並應告知創作之過程。

③雇用人於前項書面通知到達後六個月內,未向受雇人為反對
之表示者,不得主張該發明、新型或設計為職務上發明、新
型或設計。

案例研習 3

✦ Jander 除了是一位認證評價分析師之外也是某專利師事
務所的合夥人,某日下午接到客戶電話詢問有關:「營利
事業使用或取得專利權、產品線代理權及智慧財產權等無
形資產時,帳務上應該以權利金費用或是以攤銷費用列示
呢?」

另外,「財政部曾作出未取得專利權之專門技術不適用無
形資產攤折之規定、所得稅法第 60 條規定之營業權,應
以法律規定之營業權為範圍等函釋,而造成稅務爭議外,

> 實務上亦常見稅務稽徵機關以營利事業無法客觀證明無形
> 資產交易之真實性及合理公平價值，例如未能提示相關證
> 明文據資料、提供之鑑價報告不合理、無從探究交易真
> 意、與業務無關聯性及無產生收益及綜效等由，予以否決
> 認列相關費用」。
>
> Jander 評價分析師應該如何回覆呢？

（三）著作權

　　《著作權法》屬於促進文化發展的智慧財產法，而《商標法》、《營業秘密法》則是屬於維護交易秩序的智慧財產法。依據《著作權法》第 3 條第 1 項第 1 款，《著作權法》所保護的「著作」，係指「屬於文學、科學、藝術或其他學術範圍之創作」，因此，如果是技術性的創作，就不是《著作權法》所保護的對象，而是專利法或其他法律的保護範圍。

1. 著作權取得方式：參照《著作權法》第 10 條：「著作人於著作完成時享有著作權。」只要創作一完成即自動受到保護，而不需要登記取得。

2. 著作權保護範圍：參照《著作權法》第 10 條之 1：「依本法取得之著作權，其保護僅及於該著作之表達，而不及於其所表達之思想、程序、製程、系統、操作方法、概念、原理、發現。」著作如果不具有創作性，也就無法受到《著作權法》的保護。而「創作性」必須具有以下幾個特徵：

　⑴原創性：係指由作者自行創作而未抄襲或複製他人的著作，

如果未抄襲他人的著作，而創作的結果恰巧與他人的著作雷同，仍不喪失原創性。

⑵必須是人類精神上之創作：如果不是由人類所創作，而是由電腦的人工智慧所為，或是由動物自主性所為，即無法受到《著作權法》的保護。

⑶必須有一定之表現形式：所創作的結果要能夠為人類感官所能感受得知其內容者，才能受到保護，因此如果只是單純之想法或觀念而未被表達出來，並無法受到保護。

⑷必須足以表現出作者的個別性或獨特性：如果未能達到足以表現出作者的個別性或獨特性，例如只是單純字母排列的名冊或筆劃排列之電話號碼簿，因為缺乏創作性，不在《著作權法》的保護，以免使《著作權法》的保護範圍過於浮濫。

3. 不得為著作權標的：參照《著作權法》第 9 條：「下列各款不得為著作權之標的：一、憲法、法律、命令或公文。二、中央或地方機關就前款著作作成之翻譯物或編輯物。三、標語及通用之符號、名詞、公式、數表、表格、簿冊或時曆。四、單純為傳達事實之新聞報導所作成之語文著作。五、依法令舉行之各類考試試題及其備用試題（第 1 項）。前項第一款所稱公文，包括公務員於職務上草擬之文告、講稿、新聞稿及其他文書（第 2 項）。」

4. 著作權保護年限：參照《著作權法》第 30 條，著作財產權原則上為著作人生存期間及死亡後五十年，因此著作人於創作完成後存活的時間越長，受到保護的時間就越長；著作人為法人及屬於攝影、視聽、錄音及表演之著作則為自公開發表後五十年著作權的保護。另外，參照《著作權法》第 31 條，如果是數人共同完成之共同著作財產權則存續至最後死亡的著作人死亡後五十年。

5. **著作權的歸屬**：依據《著作權法》第 3 條第 1 項第 2 款，創作著作的人爲著作人，原則上在著作完成時即享有著作權，但是如果創作人是受雇人、公務員或是受聘人，那麼該著作權究竟應該歸屬於受雇人或是公務員呢？還是歸屬於雇主呢？

(1) **職務上完成之著作**：依據《著作權法》第 11 條規定：「受雇人於職務上完成之著作，以該受雇人爲著作人。但契約約定以雇用人爲著作人者，從其約定（第 1 項）。依前項規定，以受雇人爲著作人者，其著作財產權歸雇用人享有。但契約約定其著作財產權歸受雇人享有者，從其約定（第 2 項）。前二項所稱受雇人，包括公務員（第 3 項）。」因此，如果雜誌社記者爲雜誌社撰寫的文章，該記者雖然爲著作人，但是原則上雜誌社享有完整的著作財產權，可以重新印刷或編輯成書籍。

(2) **出資聘人完成之著作**：依據《著作權法》第 12 條規定，出資聘請他人完成之著作，除第 11 條情形外，以該受聘人爲著作人。但契約約定以出資人爲著作人者，從其約定。除非以契約約定以出資人爲著作人；而在受聘人依此規定而爲著作人之情形，其著作財產權的歸屬，則依契約之約定，契約未約定者，則歸受聘人享有，但在著作財產權歸屬於受聘人之情形，出資人仍得利用該著作。

（四）營業秘密

依據《營業秘密法》第 2 條規定：「本法所稱營業秘密，係指方法、技術、製程、配方、程式、設計或其他可用於生產、銷售或經營之資訊。」一般來說，個人、團體或企業除了可以申請註冊、透過法律保護的發明或創作之外，其中仍有不少是具高度機密性

的、不宜對外界公開的，但是卻具有龐大經濟價值的技術或資訊。

1. **營業秘密取得方式**：營業秘密不需要經過登記，只要自認為符合《營業秘密法》第 2 條規定（下列三項要件）即可取得。

2. **營業秘密必須符合下列三項要件**：
   (1)非一般涉及該類資訊之人所知者。
   (2)因其秘密性而具有實際或潛在之經濟價值者。
   (3)所有人已採取合理之保密措施者。

　　也就是說，必須符合具有秘密性（不是任何人在一般情況下可以自由的接觸或拿到的）、具有價值性（營業秘密的所有者可以透過它來賺取一定的利益或是幫助企業省錢或提高效率的方法或資訊）與已經採取合理之保密措施（其保管或存放方式有一定的流程，使一般人瞭解營業秘密的所有者已將該資訊加以保護，或是機密的技術、配方，只有企業內少數高階主管才知道的，而且這些人已經與該企業簽署保密協議）。

3. **營業秘密的歸屬**：如果某一項營業秘密是由兩個人以上的發明或創作人共同開發，那麼該營業秘密究竟應該歸屬於哪一個發明人或創作人呢？
   (1)**僱傭關係研發**：參照《營業秘密法》第 3 條規定：「受雇人職務上研究或開發之營業秘密，歸雇用人主所有。但契約另有約定者，從其約定（第 1 項）。受雇人於非職務上研究或開發之營業秘密，歸受雇人所有。但其營業秘密係利用雇用人之資源或經驗者，雇用人得於支付合理報酬後，將該事業使用其營業秘密（第 2 項）。」
   (2)**出資聘人研發**：參照《營業秘密法》第 4 條規定：「出資聘請人從事研究或開發之營業秘密，其營業秘密之歸屬依契約之

約定；契約未約定者，歸受聘人所有。但出資人得於業務上使用其營業秘密。」

⑶共有：參照《營業秘密法》第 5 條規定：「數人共同研究或開發之營業秘密，其應有部分依契約之約定；無約定者，推定為均等。」共同研究或開發之營業秘密，如果契約未約定者，就推論為均等。

　　為了方便讀者對上述各類智慧財產之取得方式、取得要件及保護年限差異作分析比較，茲以表 2-2 列示說明：

表 2-2

	商標權	專利權	著作權	營業秘密
權利取得要件	文字、圖形、記號或其聯合式，必須具有識別性	請參照《專利法》第 22 條、第 107 條、第 122 條	具有創作性之著作	具秘密性、價值性並已經採取合理之保密措施之企業經營資訊
權利取得方式	經主管機關審定通過，公告期滿無人異議後註冊取得	經主管機關准予註冊後，由註冊人取得專利權	不需要登記，一經創作完成即取得	具備三大要件即可自認是營業秘密
保護年限	自註冊日起算，可享有十年之專用權，期滿可以不斷延展使用年限	自申請日起算，發明二十年、新型十年、設計十五年	自然人之著作終身加五十年，法人及屬於攝影、視聽、錄音及表演之著作是公開發表後五十年	直到喪失營業秘密之三大要件為止

案例研習 4

✦ 下列哪些資產可歸屬為無形資產的範圍呢？
1. 無法辨認的無形資產。
2. 客戶口頭允諾的訂單。
3. 未具有簽約程序的客戶關係。
4. 土地租賃協議。

三、無形資產的權利範圍辨識

　　評價人員執行無形資產評價時，應先確認標的無形資產屬於可辨認或是不可辨認。

　　依據《評價準則公報》第七號「無形資產之評價」第 6 條規定，無形資產符合下列條件之一者，即屬可辨認：

（一）係可分離

　　即可與企業分離或區分，且可個別或隨相關合約、可辨認資產或負債出售、移轉、授權、出租或交換，而不論企業是否有意圖進行此項交易。

（二）由合約或其他法定權利所產生

　　而不論該等權利是否可移轉或是否可與企業或其他權利及義務分離。

　　無形資產若屬於不可辨認者，通常為商譽。

　　評價人員執行可辨認無形資產評價時，應先確認標的無形資產的類型及是否具有合約關係。

　　依據《評價準則公報》第七號「無形資產之評價」第 7 條規定，無形資產通常可歸屬於下列一種或多種類型，或歸屬於商譽：

（一）行銷相關

　　行銷相關之無形資產主要用於產品或勞務之行銷或推廣，例如：1. 商標；2. 營業名稱；3. 獨特之商業設計；4. 網域名稱。

（二）客戶相關

　　客戶相關之無形資產包括：1. 客戶名單；2. 尚未履約之訂單；3. 客戶合約；4. 合約性及非合約性之客戶關係。

　　台灣一家公開發行公司如興，它是全球牛仔褲最大製造商，該公司因為缺乏與通路商合作的經驗，在 2019 年初決定以 4,800 萬美元取得專門銷售牛仔褲給美國大型通路零售商、旗下最大客戶是全美最大的零售商 Walmart 的通路服務商 Nanjing USA 的過半股權，這些通路服務商多半是從大型通路專業經理人出身，他們非常瞭解大型通路的需求，以及何種產品好賣，對市場趨勢和消費者習性瞭若指掌，配合如興所擁有的研發、設計、製造能力，不但可以穩定大量生產，確保獲利能力，還能學習通路服務商的專業知識，進一步成為供應電商需求的製造商。

　　如興的經營策略就是希望以強大的製造能力為基礎，再朝貿易、通路、品牌的領域發展，期望能拉高獲利。

（三）文化創意相關

　　文化創意相關之無形資產源自於對文化藝術創意作品（例如戲劇、書籍、電影及音樂）所產生收益之權利（例如權利金）以及非

合約性之著作權保護。

（四）合約相關

　　合約相關之無形資產代表源自於合約性協議之權利價值。例如：1. 授權及權利金協議；2. 勞務或供應合約；3. 租賃協議；4. 許可證；5. 廣播權；6. 服務合約；7. 聘僱合約；8. 競業禁止合約；9. 對自然資源之權利。

（五）技術相關

　　技術相關之無形資產源自於使用專利技術、非專利技術、資料庫、配方、設計、軟體、流程或處方之合約性或非合約性權利等。

　　以上述行銷相關之無形資產來說，根據英國知名品牌價值研究機構 Brand Finance[3] 在 2022 年 1 月所發布的「2022 年全球品牌五百強」報告書，針對全球 5,000 公司進行評比，標準包括行銷資源、利害關係人權益、業務績效等，選出全球五百大最有價值品牌。全球首家市值突破 3 兆美元（約新臺幣 84 兆 1,995 億元）的蘋果，毫無疑問位居全球最有價值品牌之首，品牌價值高達 3,551 億美元（約新臺幣 9 兆 9,682 億元），較 2021 年成長約 35% 之外，也是品牌金融發布全球五百大品牌價值的最高紀錄。由此可見，品牌或商標這類與行銷相關無形資產所具有的價值，確實不容小覷。

　　亞馬遜（Amazon）主要的成長動能在於物流，為彌補供應鏈的人力缺口，亞馬遜自 2021 年 6 月以來，雇用約 1 萬 3,300 名新員

---

3. Brand Finance 於 1996 年成立，總部位於英國倫敦，是一家獨立的品牌商業評估諮詢公司。它為品牌組織或擁有無形資產的組織提供有關如何透過有效管理其品牌和其他無形資產來實現價值最大化的建議。詳細資料內容讀者可以上網查閱 http://www.brandfinance.com。

工，近期也宣布要再招募 12 萬 5,000 名臨時工。同時，亞馬遜也強化車隊、貨機等物流布局，投資超過 800 億美元（約新臺幣 2 兆 2,426 億元）解決供應鏈問題，以 3,503 億美元（約新臺幣 9 兆 8,197 億元）的品牌價值，位居第 2。

位居第 3 的 Google，雖然在疫情前期，因客戶抽走廣告導致營收小幅下滑。隨著世界步入新常態，工作、消費、休閒紛紛轉往線上，雲端、廣告的需求反彈回升，使得 Google 的品牌價值相較去年成長 38%，達到 2,634 億美元（約新臺幣 7 兆 3,851 億元）。

而台灣產業入圍全球前五百大的品牌包含台積電、富邦銀行、國泰人壽。擠進百大的台積電，較 2021 年成長 55 名，排名第 93，品牌價值來到 205 億美元（約新臺幣 5,753 億元），成長 66.5%。富邦銀行稍微退步，自 319 名掉到 385 名；國泰人壽則自 435 名前進到 420 名。

在這份榜單中，最具價值的產業為科技業、零售業、銀行業。值得一提的是，前三大成長最快的品牌皆為新興媒體，包括 Tik Tok、Snapchat、Kakao，品牌價值分別成長了 215%、184%、161%。

綜觀 2021 年，全球仍受到疫情的影響，數位娛樂、社交媒體市場需求持續增強，以首度入圍即躍升第 18 名的 Tik Tok[4] 來看，消費趨勢產生不可逆的變化。Tik Tok 的全球活躍用戶突破 10 億人，

4　抖音（Tik Tok）是一款可在智慧型手機上瀏覽的短影片社交應用程式，由中國大陸字節跳動公司所創辦營運。使用者可錄製 15 秒至 1 分鐘、3 分鐘或者更長至 10 分鐘內的影片，也能上傳影片、相片等。自 2016 年 9 月 20 日於今日頭條孵化上線，定位為適合中國大陸年輕人的音樂短影片社區，應用為垂直音樂的 UGC 短影片，2017 年以來獲得使用者規模快速增長。

也是 Google Play、App Store 下載次數最高的應用程式，品牌價值從 2021 年的 187 億美元（約新臺幣 5,237 億元）至今年的 590 億美元（約新臺幣 1 兆 6,523 億元），成長 3 倍。

在媒體類別中，其他表現突出的娛樂公司還有迪士尼（Disney）、Netflix、YouTube、Spotify，品牌價值成長幅度介於 10%～40%，主因為消費者使用串流服務的比例大增。

科技業仍屬最有價值的產業，以全球前五百大公司來說，科技公司累計的品牌價值接近 1 兆 3,000 億美元（約新臺幣 36 兆 4,330 億元），不過幾乎由蘋果、微軟、三星集團（Samsung）包辦，在上榜的 50 家科技公司中，這 3 間企業的占比高達 5 成。

因疫情處於海嘯第一排的旅遊產業，整體的品牌價值與疫情前相比仍衰退，入圍五百大的品牌從 15 家下降至 9 家。不過，受惠於疫情鬆綁，休閒和商務旅行部分回歸。入選的企業出現正成長的現象，又以飯店業成長最快，包括希爾頓（Hilton）58%、凱悅（Hyatt）26%。

航空品牌如達美航空（Delta Airlines）、美國航空（American Airlines）、聯合航空（United Airlines）、阿聯酋航空（Emirates）、西南航空（Southwest Airlines）均有提升，但仍未恢復到疫情爆發前的水準。但是樂觀來說，世界各國越來越能適應與病毒共存，旅遊業的復甦勢在必行。

另一方面，評價人員執行可辨認之無形資產評價工作時，必須依據《評價準則公報》第七號「無形資產之評價」第 8 條規定，應界定及描述標的無形資產之特性。無形資產之特性包括：1. 功能、市場定位、全球化程度、市場概況、應用能耐及形象等；2. 所有權或特定權利及其狀態。

表 2-3　2022 年 Brand Finance 全球品牌價值（前一百）

2022 排名	2021 排名	品牌名	品牌英文	國家
1	1	蘋果	Apple	United States
2	2	亞馬遜	Amazon	United States
3	3	谷歌	Google	United States
4	4	微軟	Microsoft	United States
5	6	沃爾瑪	Walmart	United States
6	5	三星	Samsung	South Korea
7	7	臉書	Facebook	United States
8	8	中國工商銀行	ICBC	China
9	15	華為	Huawei	China
10	9	威瑞森	Verizon	United States
11	11	中國建設銀行	China Construction Bank	China
12	12	豐田	Toyota	Japan
13	10	維信	We Chat	China
14	19	中國農業銀行	Agricultural Bank of China	China
15	13	梅賽德斯賓士	Mercedes-Benz	Germany
16	16	國家電網	State Grid	China
17	23	德國電信股份公司	Deutsche Telekom in Germany	Germany
18	New	抖音	TikTok	China
19	22	迪士尼	Disney	United States
20	20	家得寶	Home Depot	United States
21	17	中國平安	Ping An	China
22	18	淘寶	Taobao	China

表 2-3　2022 年 Brand Finance 全球品牌價值（前一百）（續）

2022 排名	2021 排名	品牌名	品牌英文	國家
23	28	殼牌	Shell	United Kingdom
24	25	中國銀行	Bank of China	China
25	24	天貓	Tmall	China
26	21	美國電話電報	AT&T	United States
27	14	騰訊	Tencent	China
28	42	特斯拉	Tesla	United States
29	31	星巴克	Starbucks	United States
30	84	安聯	Allianz	Germany
31	33	沙特阿美	Saudi Aramco	Saudi Arabia
32	27	茅台	Moutai	China
33	26	福斯	Volkswagen	Germany
34	32	中國移動	China Mobile	China(Hong Kong)
35	37	日本電報電話	NTT Group	Japan
36	38	麥當勞	McDonald's	United States
37	34	三菱	Mitsubishi	Japan
38	50	UPS 公司	UPS	United States
39	29	寶馬	BMW	Germany
40	51	好市多	Costco	United States
41	40	美國銀行	Bank of America	United States
42	35	萬寶路	Marlboro	United States
43	60	埃森哲	Accenture	United States
44	39	可口可樂	Coca-Cola	United States

表 2-3 2022 年 Brand Finance 全球品牌價值（前一百）（續）

2022 排名	2021 排名	品牌名	品牌英文	國家
45	41	花旗	Citi	United States
46	36	保時捷	Porsche	Germany
47	63	Instagram	Instagram	United States
48	49	勞氏	Lowe's	United States
49	47	耐克	Nike	United States
50	54	聯合健康	United Healthcare	United States
51	62	Xfinity	Xfinity	United States
52	52	大通銀行	Chase	United States
53	44	富國銀行	Wells Fargo	United States
54	56	Deloitte	Deloitte	United States
55	45	中國石油	PetroChina	China
56	64	Netflix	Netflix	United States
57	59	甲骨文公司	Oracle	United States
58	66	摩根大通	JP Morgan	United States
59	61	五糧液	Wuliangye	China
60	80	塔吉特	Target	United States
61	46	本田	Honda	Japan
62	48	中國建築	CSCEC	China
63	67	美國運通	American Express	United States
64	68	京東	JD.com	China
65	57	威士國際組織	Visa	United States
66	86	思科	Cisco	United States

表 2-3　2022 年 Brand Finance 全球品牌價值（前一百）（續）

2022 排名	2021 排名	品牌名	品牌英文	國家
67	55	CVS Caremark 公司	CVS Caremark	United States
68	69	聯邦快遞公司	FedEx	United States
69	43	英特爾	Intel	United States
70	58	中國石化	Sinopec	China
71	65	住友	Sumimoto	Japan
72	70	現代集團	Hyundai Group	South Korea
73	78	SK	SK	South Korea
74	79	中國招商銀行	China Merchants Bank	China
75	73	三井	Mitsui	Japan
76	71	福特	Ford	United States
77	75	Spectrum	Spectrum	United States
78	77	塔塔	TATA	India
79	102	YouTube 公司	YouTube	United States
80	72	中國人壽	China Life	China
81	123	路易威登	LOUIS VUITTON	France
82	83	安永會計師事務所	EY	United Kingdom
83	74	普華永道	PWC	United States
84	30	阿里巴巴	Alibaba	China
85	82	優步	Uber	United States
86	81	西門子	Siemens	Germany
87	93	戴爾	Dell	United States
88	95	萬事達卡	Mastercard	United States

表 2-3　2022 年 Brand Finance 全球品牌價值（前一百）（續）

2022 排名	2021 排名	品牌名	品牌英文	國家
89	53	國際商用機器公司	IBM	United States
90	88	雀巢	Nestlé	Switzerland
91	92	LG 集團	LG Group	South Korea
92	95	百事可樂	Pepsi	United States
93	147	台積電	tsmc	Taiwan
94	115	索尼	Sony	Japan
95	97	通用電氣	General Electric	United States
96	112	中國鐵建	CRCC	China
97	108	沃爾格林	Walgreens	United States
98	89	沃達豐	Vodafone	United Kingdom
99	103	奧迪	Audi	Germany
100	114	加拿大皇家銀行	RBC	Canada

資料來源：Brand Finance, 2022

四、無形資產評價的程序與架構

圖 2-1　無形資產評價的基本架構

　　如上圖所示，執行無形資產評價時，應先確認上述評價任務之五大主要工作項目。首先，應先確認「評價標的」，也就是要先確認所要評價的無形資產，無論採用什麼評價方法（Approaches）

來執行評價，並從中選用適合該評價案件的評價特定方法（Methods）。在這之前，都必須要先對標的無形資產或是擁有或使用該無形資產的企業，有詳細明確的瞭解。所以，執行無形資產評價時，往往可能要先進行企業評價。

其次，要確認「評價目的」，也就是為何要執行評價。接著，要確認「評價基準日」，也就是應該要確認受評的無形資產是屬於哪一天的價值。最後，才是確認無形資產的價值是屬於哪一種類型的價值，即「價值標準」，及確認無形資產的價值是在什麼情況之下產生或決定的，即「價值前提」。

在這五個主要評價工作項目決定之後，評價人員才能決定要用什麼評價步驟來執行評價，並從中選用適合該評價案件的評價方法，來進一步產生價值結論。

除此之外，執行無形資產評價時還是要考量受評的無形資產擁有者所處的環境、市場競爭情形、當地政府法令限制、國際局勢變動等因素，因為這些對評價標的或評價方法或多或少都會有其影響。

評價基本概念——
評價目的、假設、
價值動因與價值定義的
三大層面

案例研習 5

✦ 小高踏入評價業界工作近兩個月，他就讀大學的妹妹正在學習無形資產評價，有一天想要向小高討教幾個有關評價的問題：

1. 企業或無形資產評價是否要先具備明確的目的才能開始執行評價工作呢？

2. 企業與無形資產評價的目的有什麼分別呢？

如果您是小高該如何回答妹妹的提問。

一、企業評價的目的

依據《評價準則公報》第十一號「企業之評價」第 3 條的定義，企業評價之目的通常包括：（一）交易目的，例如合併、收購、分割、出售、讓與、受讓、籌資或員工認股；（二）法務目的，例如訴訟、仲裁、調處、清算、重整或破產程序；（三）財務報導目的；（四）稅務目的；（五）管理目的。

正確的瞭解並陳述「評價目的」，對於執行企業評價工作甚至於達成企業評價任務，是非常重要的一環，因為企業價值的決定與評價目的息息相關。

舉例來說，同一家受評企業其評價的目的為「交易目的」或是「稅務目的」，就會有不同的價值結論。前者的情況，受評企業的

所有者因爲希望能賣到較好的價錢，但是換成後者的情況，受評企業的所有者則會希望能少繳納一些稅款。或是在執行公司重整評價時，在不同的階段重整，也會影響到最後的價值。

二、無形資產評價的目的

　　依據《評價準則公報》第七號「無形資產之評價」第 3 條的定義，無形資產評價之目的通常包括：（一）交易目的，例如：1. 企業全部或部分業務之收購或出售；2. 無形資產之買賣或授權，包括作價投資；3. 無形資產之質押或投保；（二）稅務目的，例如規劃或申報；（三）法務目的，例如訴訟、仲裁、調處、清算、重整或破產程序；（四）財務報導目的；（五）管理目的。

案例研習6

✦ 小高的妹妹在初步瞭解企業與無形資產的概念後，對於企業或無形評價仍有不少疑問，於是委託小高請教 Dustin 評價分析師，關於以下問題，如果您是評價分析師該如何回答：

1. 假設甲評價案件是兩大知名企業之間的買賣交易，而乙評價案件則是兩家公司的專利侵權訴訟，面對上述兩種不同評價目的之案件，評價工作的規劃是否也會有所不同呢？如果某評價分析師並非執業的專利師，他是否必須委由有專利師執照的評價分析師會比較適當呢？

2. 某評價分析師正在洽談是否承接一項評價案件，但是時值新冠疫情肆虐，評價分析師因而無法親自前往受評價公司做實地訪查，是否可以在評價報告中將此因素列入限制條件呢？反之，如果該評價分析師提出該評價案件必須親赴委任方公司做實地訪查的要求卻遭委託方拒絕的話，那麼評價分析師是否可以將無法完成實地訪查的因素列為限制條件呢？

三、評價的假設

　　關於評價的假設，依據《評價準則公報》第三號「評價報告準則」第 5 條，本評價公報用語之定義如下（僅列舉較重要之項目予以說明）：

1. 假設：評價人員執行評價案件時，對影響評價標的或評價方法之事項所作之假定，該等假定可能無法或毋須驗證，逕接受其為事實，例如政經環境、利率、匯率與相關法規無重大改變，以及產業發展符合預期。惟該等假定與評價基準日存在之事實應相符或可能相符。

2. 特殊假設：與評價基準日存在之事實不符之假設，或一般市場參與者於評價基準日進行交易時不會採用之假設。

四、影響企業暨無形資產價值的因素——價值動因

　　影響企業價值的因素非常多，這些因素都可稱之為「價值動因」（Value drivers）。美國學者 Ogden 於 2003 年在《*Advanced Corporate Finance*》一書中曾提出企業價值動因的架構，建立企業價值的系統觀念，藉以作為分析企業價值的主要依據。個人認為此架構非常適合當作分析企業價值之理論依據，因為企業的價值，或多或少都會受到經濟現況、產業、市場、外部環境、風險與企業內部管控等價值動因的影響。因此，評價人員必須先針對這些影響企業價值的因素詳加瞭解之後，然後再做進一步的分析。

（一）企業外在環境

　　評價人員必須對企業面臨的外在環境因素加以分析，因為企業的經濟價值基礎，就是該受評企業未來的現金流量的現值，而企業要產生現金流量必須將產品或服務銷售、提供給外在環境，外在環境變動，當然會對企業的生產成本及獲利產生衝擊。

1. 經濟分析：評價人員的經濟分析有明確的方向，目的是透過經濟分析來回答幾個基本的問題，例如：「未來的經濟發展對受評企業或受評標的的成長或銷售，會產生有利或不利的影響？」「原物料、零組件價格的波動對受評企業或受評標的成本的衝擊，會產生正面或負面的影響？」正因為企業的價值直接或間接受到經濟景氣變動的影響，所以評價人員在評價報告中必須探討經濟景氣變動會如何影響企業的價值動因。

2. 產業分析：依據評價相關準則規定，產業分析在評價上的運用，大致可分為下列五大項目：⑴ 分析及瞭解受評企業；⑵ 辨認及

分析受評企業未來的機會與威脅；(3) 評估及判斷財務預測的假設是否合理；(4) 根據產業分析選擇適當的可類比標的；(5) 根據受評企業與可類比企業產業的比較分析，並辨認及分析受評企業與可類比企業之間的差異，據以調整所採用的價值乘數。

3. **市場分析**：市場分析功能在於提供決策者進行企業長期規劃方案的參考。也就是透過市場分析瞭解或推論受評企業的價值會受到什麼影響。如果市場已經趨於飽和且競爭者太多，則該企業能夠爭取的空間是來自於取代競爭者原本的市場，這樣的市場是有限的且利潤空間不會太大；反之，如果市場仍處於高速成長且競爭者很少，則我們預估受評企業的產品或受評標的仍有成長的空間，並且可以擁有較高的超額利潤。

4. **政策與法規**：是指如果受評企業是受到政策管制的產業，則政府的法規限制或相關規範可能會使營運成本增加，或是因為存在這樣的法規限制或相關規範，也有可能成為競爭者進入該產業的障礙，反而保障了受評企業的利潤。

案例研習 7

✦ 某日，評價分析師 Dustin 的大學同學來訪，告知近期受聘於某生物科技公司副總經理，在寒暄過後並詢問有關專利權攤提的問題：「公司正在研發一項降低膽固醇的醫藥技術，為搶得市場先機計畫使用某項未經核准登記取得專利權之秘密方法，對方並要求給付新臺幣 30 萬元代價，此舉是否會對公司產生任何不利的影響呢？」

（二）企業內部環境

評價人員也不能忽略影響企業價值的內部環境因素。

1. 過去經營績效：過去經營績效資料，可以提供評價人員對受評企業未來的經營概況作出初步的判斷。最好能夠取得三到五年且經過會計師簽證過的財務報表或是所得稅申請書資料及相關證明文件。

2. 企業財務狀況：如果能夠取得三到五年受評企業的資產負債表（或稱為財務狀況表），窺知該企業重要的經營策略。

3. 企業獲利能力：取得三到五年受評企業的損益表，並進一步分析該企業的獲利能力與現金流量。

4. 經營團隊管理能力：管理能力良好的企業，因為發生錯誤或失誤的機率較低，營運風險自然會降低。

5. 企業股東結構：受評企業的價值與該股權所占企業全體股權比例有關。如果受評股權僅僅占企業全體股權的一小部分（或是說這部分的股權不足以影響到企業的控制權），評價人員可能需要對這一小部分的股權做折價調整，反之，當受評股權超過控制權所需的比例時，則應該對這部分的股權價值做溢價調整。

6. 企業組織結構：是指企業屬於獨資、合夥或是公司等型態登記成立，而公司又可分為有限公司、無限公司、股份有限公司等。因為，公司登記成立型態不同，其應繳納的所得稅或是企業所有權移轉的難易程度也不一樣，因此受評企業組織結構的差異，也會影響企業的價值。

7. 企業營運規模：一般來說，規模較大的企業擁有較為優良的財務體質與較高的知名度及市場占有率，而規模較小的企業的競爭力通常難以匹敵，所以規模較小的企業的價值相對比較低。但是規

模較小的企業若能擁有獨特的專利、技術或是研發團隊,其價值就可能有所提升。

8. **企業營運計畫及預測**:評價人員執行評價時不能單就企業所提供的營運計畫書(Business plan)就逕自下結論,應該實地探訪該企業並查核計畫書的各項假設條件或未來營運數據是否合乎產業界預測平均值,或是該企業是否能夠充分掌握自己公司如何因應環境變化、市場競爭等。而評價人員執行評價時應該瞭解、分析企業歷年來(三到五年)所編制的預測或預算,並與實際的營運結果做比照,以掌握受評企業所編制的預測或預算的可靠度。

9. **企業產品或服務所受到的法律保護程度**:企業產品或服務如果尚未取得授權或是有部分的產品或勞務沒有受到的法律保護,則該企業的價值勢必會受到重大的影響。

如前所述之案例研習 7,依據財政部 67 年 4 月 4 日台財稅第 32189 號函:「公司使用未經核准登記取得專利權之秘密方法,所付之代價,不適用所得稅法第 60 條有關計提攤折之規定。」說明如下:「所得稅法第 60 條所稱之專利權,應以依照專利法規定,經主管官署核准登記者,始能提列攤折額。貴公司使用未經核准登記取得專利權之秘密方法,所支付之代價,核與前開規定不符,不得援用專利權攤折之規定辦理。」

依據《評價準則公報》第十一號「企業之評價」第 8 條的規定,評價人員執行企業評價時,應取得足夠且適切之非財務資訊並評估其對價值結論之可能影響,該等資訊通常包括:

(一)企業之屬性(行業別、組織型態及公開發行與否等)與歷史。

(二)企業資產之配置與使用。

(三)組織架構、經營團隊及企業治理。

（四）核心技術、研發能力、行銷網路及特許經營權等。

（五）權益的種類、等級與相關之權利、義務及限制。

（六）產品或服務。

（七）主要客戶與供應商。

（八）競爭者。

（九）企業風險。

（十）產品或服務之市場區域與其產業市場概況。

（十一）產業發展、總體經濟環境及政治與監理環境。

（十二）策略與未來規劃。

（十三）評價標的之市場流通性與變現性。

（十四）其他影響評價結論之因素，例如組織章程之限制性條款或股東協議、合夥協議、投資協議、表決權信託協議、權利買賣協議、貸款契約、營運協議及其他契約上之義務或限制。

　　再者，《評價準則公報》第十一號「企業之評價」第 9 條也提到，評價人員執行企業評價時，應取得足夠且適切之財務資訊並評估其對價值結論之可能影響，該等資訊通常包括：

（一）歷史性財務資訊，包括適當期間之年度與期中財務報表及關鍵財務比率與相關統計數據。

（二）展望性財務資訊，例如企業編製之預算、預測與推估。

（三）企業本身過去適當期間財務資訊之比較分析。

（四）企業與其所處產業財務資訊之比較分析。

（五）用以評估企業之潛在風險與未來展望及其所處產業之趨勢分析。

（六）企業之營利事業所得稅結算申報及其核定情形。

（七）業主之薪酬資訊，包括福利與企業負擔業主個人費用。

（八）企業權益本身過去公開市場交易之價格、條件及情況。

（九）關係人交易資訊。

（十）管理階層所提供之相關資訊，例如對企業有利或不利之契約、或有事項、財務報表外之資產負債及公司股權之過去交易資訊。

　　關於上列所述的足夠且適切之財務資訊，我們將於 PART 2「評價資料之蒐集與初步分析」單元中再予以詳加說明。

　　另一方面，關於無形資產部分，依據《評價準則公報》第七號「無形資產之評價」第 9 條規定，評價人員承接無形資產之評價案件時，除應依相關評價準則公報與委任人確認必要事項外，應特別與委任人確認標的無形資產將單獨評價或與其他資產合併評價，亦應特別考量標的無形資產之下列相關事項：

（一）**權利狀態及法律關係，例如產權歸屬、是否受相關法令保護及是否曾涉及爭訟。**

（二）**經濟效益，例如獲利能力、成本因素、風險因素及市場因素。**

（三）**剩餘經濟效益年限。**

　　無形資產管理良好的企業在進行合併或出售規劃時，因為可能降低企業營運上、作業上失誤或疏失的機率，自然而然會有效的降低企業的風險，因此不論在企業或是無形資產評價上，相對於管理不佳的企業，也就具有較高的價值。

五、價值定義的三大層面

　　許多人對於「價值」的定義或理解有很大的差距，在一般認知或討論中我們也許可以接受個人對於「價值」的定義有自己的說法或看法，但是從事評價工作，我們一開始就必須要求評價人員對於受評企業或受評無形資產的「價值」，有正確與清楚的認識，如此一來，不但可以使每一項評價案件的開始能夠更加有條理之外，也可以減少或消除許多不必要的困擾或爭議。因此，評價人員對於「價值」的定義，必須作出準確的界定與陳述。

　　因此，接下來我們在本節將分別探討「價值基礎」、「價值標準」與「價值前提」關於價值定義的三個層面。

（一）價值基礎（**Basis of Value**）

　　因為價值算是一項相當主觀的概念，面對同一項資產，不同背景或不同看法的人就可能會有不同的價值判斷，這一類的價值差異稱之為「價值基礎」。我們就以增闢輕軌列車來說明，這個議題對輕軌列車製造業者來說當然具有「商業交易價值」，而在政治人物看來可能就具有「經濟價值」或是「政治價值」，如果該條輕軌路線途經名勝古蹟或廟宇古剎，可能又會具有「觀光價值」、「經濟價值」或「宗教價值」。

　　值得一提的是，某項資產的「經濟價值」就是其透過經濟活動未來所能產生的現金流，而將這些未來的現金流轉換為現值，就是「經濟價值」。而本書所討論的價值基礎正是企業或無形資產的「經濟價值」。

（二）價值標準（Standard of Value）

　　上一節我們已提到本書所討論的價值基礎是「經濟價值」，但是經濟價值又因「評價目的」的不同，再細分為不同的「價值標準」。

　　依據《評價準則公報》第四號「評價流程準則」第 16 條所指出，本公報所定義之價值標準包括：

1. 市場價值（Market Value）：係指在常規交易下，經過適當之行銷活動，具有成交意願、充分暸解相關事實、謹慎且非被迫之買方及賣方於評價基準日交換資產或負債之估計金額。

2. 衡平價值：係指具有成交意願且充分暸解相關事實之特定交易雙方間移轉資產或負債之估計價格，該價格反映了交易雙方各自之利益。

3. 投資價值（Investment Value）：係指特定擁有者（或預期擁有者）就個別投資或經營目的持有一項資產之價值。此價值標準係反映擁有者持有該資產可獲取之利益。

4. 含綜效之價值：係兩項以上資產或權益結合後之價值，該價值通常大於單項資產或權益之價值之合計數。若該綜效僅有特定之買方可取得，則含綜效之價值將大於市場價值，即含綜效之價值將反映資產之特定屬性對特定買方之價值。

5. 清算價值：係一企業或資產必須出售（在非繼續經營或使用之情況）所會實現的金額。清算價值之估計應考量使資產達到可銷售狀態之成本及處分成本。清算價值之決定可基於下列價值前提之一：

    (1)有序清算：於合理行銷期間內處分之情境。

    (2)被迫出售：需於較短行銷期間內處分之情境。評價人員應揭

露所假設之價值前提。

依據《評價準則公報》第七號「無形資產之評價」第 10 條規定，評價人員評價無形資產時，應依評價案件之委任內容及目的，決定採用市場價值或市場價值以外之價值作為價值標準。採用市場價值以外之價值為價值標準之情況，可能包括：

1. 作為投資決策之依據。

2. 作為處理稅務及法務相關事務之依據。

3. 依一般公認會計原則之規定，以使用價值測試無形資產是否減損。

4. 評估資產之使用效益。

最後，評價人員還要確認評價標的之價值是如何產生的？或是說評價標的是在什麼情況之下完成交易的？這個問題也就是所謂的瞭解其價值前提。

（三）價值前提（**Premise of Value**）

依據《評價準則公報》第三號「評價報告準則」第 5 條的定義，價值前提係針對評價標的可能被使用之情境所作之假設。不同之價值標準可能要求一種特定之價值前提或得考量多種價值前提。價值前提例如最高及最佳使用、現行使用、有序清算及被迫出售等。

1. 最高及最佳使用：以參與者之觀點，在實體可能、法律允許及財務可行之前提下，得以獲致最高利益之使用。在此前提或情況下，評價標的是整體的，也就是說評價標的是一家存續且仍然繼續在正常運作下的企業或一項無形資產。

2. 現行使用：或稱為存在價值及既有使用。在此前提或情況下，評價標的仍然是完整且可以運作的整體，但是目前已經停止運作，

需要經過適當的整理、改善或管理後，才可以恢復正常運作。

3. 有序清算（Value in an Orderly Disposition）：或稱為有秩序處理的價值。在此前提或情況下，評價標的被拍賣處理，是在一個正常、公開的次級市場進行。

4. 被迫出售（Value in a Forced Liquidation）：或稱為強制清算的價值。在此前提或情況下，評價標的被拍賣處理，不是在一個正常、公開的次級市場進行，可能是在只有少數買者或特定買家知道的情況下進行。

四

評價產業的展望

案例研習 8

★ 評價分析師 Jander 近日和 N 公司正在洽談一項生技新藥相關的評價案件，由於 Jander 個人對生物醫學並不熟諳，於是他向好友 O 博士詢問並請 O 加入評價團隊，其間 Jander 發現 O 博士竟然將 N 公司研發的新藥相關訊息洩漏給 N 公司的競爭對手 P 公司，此刻 Jander 是否應該毅然決然對 O 博士提出控告呢？

一、美國評價產業發展

　　美國自 1913 年起開始實施所得稅制度，使得社會大眾對會計實務、制度的準確性有更高標準，才得以符合所得稅制度的各項要求。而為了符合稅制要求，企業評價的重要性也逐漸受到重視，也因而建立了企業評價相關的規範與原則。這些規範與原則，大致都是在美國國稅局（IRS）的稅務規範（Revenue Ruling）中所奠定的基礎。

　　關於企業評價起源最重要的看法是源自於美國國稅局的稅務規範 Revenue Ruling 59~60。此規範於 1959 年頒布供社會大眾申報贈與稅、遺產稅及評價業者參考使用，該規範對土地、房地產及私人企業的價值評估提出了重要的討論與基本原則。

目前，美國已有許多企業評價相關的專業協會，例如：

（一）美國認證會計師協會 AICPA（American Institute of Certified Public Accountants）。

（二）美國鑑價學會 ASA（American Society of Apprais-ers）。

（三）全國認證企業價值分析師協會 NACVA（National Association of Certified Valuation Analysts）。

（四）國際顧問評價人員分析師協會 IACVA（International Association of Consultants, Valuators and Analysts）。

二、大陸評價產業現況

大陸發展企業評價專業已經有多年的歷史，目前兩個主要的專業評價機構，例如：

（一）中國企業評價協會。

（二）中國資產評價協會。

作者在 2018 年 11 月分有機會受邀前往四川成都東軟學院，作了為期將近一個月的教學交流，發現該校雖然位處大陸西南部內地，與四川的省會成都市區有近四、五十公里的距離，但是他們的商務管理學院底下除了設立有「人力資源管理學系」及「財務管理學系」之外，還特別成立了「資產評估學系」。由此觀之，近年來大陸正積極的發展評價專業理論與實務。雖然在做法上與國際間仍然有些微的差距，但是可以確認的是，大陸評價專業人士不斷努力的急起直追，相信不久即可與國際評價專業機構接軌。

三、台灣評價產業現況

　　在台灣，對資產評價或是企業評價的需求，通常不外乎是申報遺產稅或是有意進行企業合併或收購的企業界人士。而從事相關評價工作或是提供企業界需求的，大都是原本就與該企業有業務往來的會計師事務所、企業管理或資產管理顧問，但是價值如何評估、調查或是依據什麼準則卻沒有詳加說明。國稅局也沒有明確規範價值評估相關的準則，舉例來說：其對於台灣上市、上櫃公司的有價證券的價值，是以收盤價來認定；而對未上市、上櫃公司的有價證券，更是以保守的淨帳面價值加以評估。

　　雖然早期台灣上市、上櫃公司有價證券的評價，可以參考市場上的交易價格，但是台灣的上市、上櫃公司僅有一、兩千家，至於為數上百萬家的未上市、上櫃公司，價值竟然是該受評企業資產淨帳面價值，也就是該企業的資產淨值。不論受評價標的是上市、上櫃公司或是未上市、上櫃公司，要進行價值評估可以分別參考其股價資料及財務報表資料，所以，遺產稅或是其他稅務申報所需的評價工作，自然而然就由會計師事務所來承接。

　　但是，由於台灣的經濟活動日新月異、逐漸走向國際化，有不少中小企業因為營運獲利能力良好，深獲國外投資人的青睞，因此，紛紛委託律師事務所出面接洽，要求投資入股、收購或是合併。這些受託的律師事務所，很可能會將其委託人屬意企業的評價工作提供給會計師事務所或是企業管理或資產管理顧問。可惜的是，一般交易雙方基於商業機密或其他因素，通常不會也不願意將交易價格洩漏，當然更遑論提供其他評價相關資料了。

　　在台灣，由於目前仍然缺乏政府強制要求的執業準則及明確的

評價方法規範，評價業界也因為委託人的比價心態作祟，反倒是不再嚴格的要求評價品質、內容，只求以較為低廉的價格完成評價報告書，因而常會有削價競爭的不當情形發生，當然會對評價人員專業的形象產生重大的衝擊。

目前在台灣，並未明確規定哪些人員或是機構可以承接企業或是無形資產評價的工作，一般都是委託會計師事務所、律師事務所、企業管理或資產管理顧問公司或是不動產鑑價公司等。

在台灣發展評價專業目前正面臨一個困境，就是如何建立並提升評價專業的形象？這個困境也影響到一般社會大眾對評價專業人員的信賴感。由於評價過程兼具科學數據客觀的分析與評價專業人員個人主觀的判斷，因此，評價結論的嚴謹度與準確度，正是發展評價專業不可忽略的重要關鍵。

近年來，中華企業評價學會、中華無形資產暨企業評價協會及經濟部工業局透過工業研究院推動一系列的評價訓練課程，甚至於由政府舉辦評價人員分級能力鑑定考試等，台灣許多評價業者更希望透過訓練課程、評價專業人員加入同業公會或鑑定考試制度，藉以強化提升評價專業的形象與權威性。

依據《評價準則公報》第一號「評價準則公報訂定之目的與架構」一開始就明白的定義：「評價係指評估評價標的之經濟價值之行為或過程，該評估須經嚴謹之專業判斷並遵循職業道德規範。」

另外，《評價準則公報》第一號「評價準則總綱」第 2 條也規定：「評價人員承接評價案件、執行評價工作及報告評價結果時，應秉持嚴謹公正之態度及獨立客觀之精神，恪遵職業道德規範，遵循相關法令及評價準則公報，並盡專業上應有之注意。」

因此，透過政府公權力的介入及公會自我嚴格的道德規範、職

業準則等管制之下，逐漸建立組織的信譽，並要求會員遵守其相關訓練、認證、在職持續進修、道德規範、職業準則等，才能有效的取得廣大社會大眾的信任與認可。

案例研習 9

✦ A 公司係因購入 B 公司 TFT 三代廠所支付款項中包含帳列智慧財產權權利金 143 萬 5,000 元，並於民國 97 年度營利事業所得稅結算申報列報權利金攤折數 28 萬 7,000 元，卻遭稅捐稽徵機關否准列報。您認為究竟誰對誰錯呢？

四、評價專業未來展望

從一般產業發展的經驗來看，該產業的產品或服務必須先有需求面與供給面兩種基本條件，企業評價或是無形資產評價是近年來一個快速成長新興專業，我們可以從下列幾個現象推論得知：

（一）全球經濟體的變遷與調整

以台灣企業為例，台灣中小企業的家數約有上百萬家，而台灣上市上櫃公司的家數僅約是一、兩千家左右，其餘大多是未上市上櫃的中小型企業。這些企業在面臨企業集團化、經濟全球化的發展潮流衝擊之下，原本引以為傲的經營模式必定漸漸失去往日的光

芒，因此如何引進新的生產技術、新的經營模式、新的經營團隊與新的投資人，爲企業在瞬息萬變的市場中創造價值，將會是一個不可避免的挑戰。

（二）全球人口年齡結構的變化

　　隨著時間巨輪不斷的前進，不論是台灣、大陸、亞洲甚至於全世界，這批當年曾經爲現代化經濟發展創造出輝煌歷史的重要企業家、創業家、投資人，已然從小伙子變成了垂垂老矣、兩鬢斑白的企業界大老了。這批企業界大老們也勢將面臨下個階段的規劃與布局，企業的傳承或交棒當然是勢所難免！但是企業家的下一代很可能有不少是雖然有接棒的能力，卻苦於興趣專長與父執輩不同，或是興趣專長與父執輩相同卻沒有接棒的能力。在這種情況下，企業的交棒通常也有可能隨著企業所有權的移轉或交易而落入他人之手。爲數龐大的企業大都是未上市或未上櫃的中小型企業，缺乏一個公正公開的價格作爲企業所有權移轉或交易的參考，如此一來將使得企業之間的轉移或交易充滿不確定性，對交易雙方產生極大的風險，這樣的過程常常會嚴重的損害到企業的價值。

（三）全球各地經濟訴訟案件的增加

　　隨著企業集團化、經濟全球化的發展，國際企業之間的糾紛與損害賠償訴訟案件與日俱增，而絕大部分的訴訟案件通常與侵權（著作權、專利權、商標權及其他權益）、損害賠償脫離不了關係。由於在決定損害賠償金額是否合理時，多半牽涉到既複雜又多元的問題，所以法院審理時通常需要借助評價專家的意見作爲其最終判決的參考依據。

　　前述之案例研習 9，依據台中高等行政法院 103 年度訴字第

188 號判決、最高行政法院 104 年度判字第 175 號判決：「高等行
政法院以 A 公司所提關於系爭智慧財產權權利金之外部專業機構提
示之鑑價報告，並非以 B 公司所提可辨認無形資產進行驗證評估而
為；且本件買賣係屬實質上關係人交易，惟 A 公司卻未依營利事業
所得稅不合常規移轉訂價查核準則舉證系爭技術專利權授權內容明
細；並 A 公司未實質取得任何專利權，不適用無形資產分年攤提之
規定；暨依系爭授權契約，B 公司仍得將授權標的再授權第三人，
顯非合理；加以 A 公司購入 TFT 三代廠後並無超額利潤等節為其
論據等理由，判定 A 公司敗訴。而 A 公司上訴至最高行政法院，
則最高行政法院與高等行政法院持不同意見，認為原判決既有適用
法規不當及理由不備之違法，且與判決結論有影響，故予以廢棄原
判決。」

★溫馨小提醒：前述之案例研習 9，必須先確認 A 公司與 B 公司雙
　　　　　　　方是否為關係人。

　　「A 公司與 B 公司約定資產移轉或設定等之基準日為 97 年 1
月 1 日。雙方又於 96 年 11 月 5 日由各自董事會決議，由 B 公司
以特定人身分參與認購 A 公司以私募方式發行不超過 1 億 5,000 股
之普通股，並取得三分之一股權。由於本件係涉及數十億元之資
產交易及特定人私募現金增資，非經雙方事前之溝通協調，應無同
日發布訊息之可能，足證 A 公司購買 B 公司系爭 TFT 三代廠及其
相關設備時，即知該公司有售後入股情事，是 A 公司與 B 公司簽
約時雖非形式上關係企業，然已足認其彼此間為實質上關係人之交
易。」（台中高等行政法院 103 年度訴字第 188 號判決）。

（四）相關法規的要求

　　近年來全球陸續發生多起公司治理醜聞、財務報表不實申報誤導投資者、圖利廠商或利益輸送等情事造成社會的不安與投資者虧損，使得各國政府主管機關進而提高對企業的資訊揭露與財務報導透明度的要求。各國政府不同層面的規定看似不同，但是其基本精神卻是一致的，就是要求會計師提升企業財務報導的完整性，以求能夠更加眞實的反映企業經營狀況與企業暨無形資產價値。

　　由此觀之，上述四大問題也是世界各國無法避免的問題，而面對這些問題的同時也因爲企業朝向多元化、集團化、全球化的發展，使得企業暨無形資產價値難以單純從企業資產的總價値來表達，現代企業價値的評估需要透過更加專業、嚴謹的程序與系統來進行，也就是說，企業暨無形資產評價終將發展成爲一個更具專業的領域。

　　此外，台灣中小型企業還面臨著一系列的難題：

（一）中小型企業缺乏健全的資本市場。

（二）中小型企業缺乏退場機制。

（三）中小型企業缺乏具公信力的評價機制。

（四）中小型企業難以募集資金或取得貸款。

　　追根究底，以上的難題都與建立健全的企業暨無形資產評價體制脫離不了關係。因爲，爲數衆多的中小型企業（或是未上市、上櫃公司）或多或少都隱含著不爲人知的價値，怎奈是千里馬易得而伯樂難尋，當銀行業處於微利時代，中小型企業要取得資金或貸款，通常必須以不動產或廠房作爲抵押，但是並非所有的中小型企業都擁有供抵押的不動產或廠房，所以，健全的企業暨無形資產評價機制的建立變得更加刻不容緩。

　　近日來，經濟部提出的《產業創新條例》部分條文修正草案，增訂「技術入股得就股票轉讓日或按取得股票的時價，兩者孰低價格課稅。修正草案規定，智慧財產權人技術作價所取得的股票，持股達二年以上者，得就股票轉讓日或按取得股票之時價，兩者孰低價格課稅。」（修正條文第 12 條之 1）。同時，我國創作人依《科學技術基本法》第 6 條第 3 項所定辦法獲配的股票，持股達二年以上者，得就股票轉讓日或按取得股票之時價，兩者孰低價格課稅（修正條文第 12 條之 2）。

　　經濟部官員指出：「新增技術入股得擇低課稅，有利個人、公司或有限合夥事業因應產業特性，提高智慧財產權作價取得股份的潛在價值與誘因，提升產業競爭力。目前台灣經濟處於結構轉型的重要轉捩點，可藉由技術作價促進公司成長發展，強化台灣整體研發動能，進而增加營業稅及營利事業所得稅稅收，及員工股東淨效益。」

　　近年來，因為智慧財產權經常涉及龐大的商機與經濟利益，再加上智慧財產權的類型與範圍不斷向外延伸擴大，世界各國無不立法規範，甚至利用國際上簽署的公約，例如《與貿易有關之智慧財產權協定》予以保護。為了鼓勵研究發展、創作與發明並促進整體產業及經濟蓬勃發展，吸引技術人員及其創作與發明的成果，這早已是勢在必行的做法了。台灣自己培養訓練出來的人才及其研究發展、創作與發明的成果，如果無法根留台灣，甚至是智慧財產權人因為受限於經濟或發展等因素考量，而被迫將產權外移或是轉賣、讓與其他國家，這不啻是對台灣這塊土地在產業技術創新、人才培育與未來經濟發展上來說，都是一種殘酷的傷害。

　　企業經營管理的最終極目標就是為全體股東、公司員工、利害

關係人及社會大眾創造企業價值最大化,但是,近年來全球知名的
大企業所發生的財務報導虛偽不實,甚至惡性倒閉的醜聞或弊案,
相信大家應該都不陌生?價值固然存有主觀的成分,但是企業暨無
形資產評價專業若要成為一項具有專業性與權威性的行業,除了評
價專業機構嚴謹的要求自己組織的會員之外,評價人員愛惜羽毛、
自我規律是勢所難免的,也唯有評價人員的專業性、客觀性、公正
性及可信任度被社會大眾認同,評價專業領域才能在經濟變革的巨
浪中發光發熱。

PART 2
評價資料之蒐集與初步分析

武功祕笈

▶ 如果委任方所提供的財務資料不夠齊全或是有瑕疵或疏漏等情形，評價人員都可以將這些因素全部列入「限制條件」嗎？

▶ 評價人員在分析個案公司的財務資料時，如果發覺財務報表有瑕疵或疏漏等情形，是否需要請該公司的財務會計人員立即作更正呢？

▶ 評價人員在實地訪查個案公司的過程中，如果發現其內部管理有疑慮或缺失時，是否需要即時提醒該公司管理高層呢？

▶ 個案企業所編制的財務報表，是否完全遵循國際會計準則呢？

▶ 受評價個案的財務報表，是否都要進行常規化調整呢？

▶ 對財務報表作常規化調整，會影響到受評價個案的價值嗎？

▶ 進行經濟分析，是否要尋求經濟學者或專家的協助呢？

▶ 是否一定要涉獵過多種產業，才能從事評價領域的工作呢？

▶ 產業及市場分析資訊，是否要花錢才能取得呢？

五

企業財務報表分析

案例研習 10

✦A 受評價企業是國內一家知名度頗高、擁有近千位員工且具有百年歷史的上市傳統工業；而 B 則是一家名不見經傳、員工不到 30 位且未上市上櫃的新興電子商務公司。詳閱兩家公司的財務報表，不論是資本額、負債比率、營業收入或是稅後淨利各項數據顯示都是由 A 勝出，最終評估的價值結果 A 一定會比 B 高嗎？

✦C、D 兩家受評價企業財務比率各項數據較佳的一方，未來的發展潛力或成長性是否一定會比較好呢？兩者最終評估出來的價值結果，是否也一定會由發展潛力或成長性較好的一方勝出呢？

一、個案企業的財務報表

評價人員要正確的評估無形資產的價值或是使用該無形資產的企業價值，而且不論採用哪一種評價方法，都必須先對受評價標的有詳細正確的瞭解。我們再來回顧一下前面幾章曾經提過的，「評價人員在執行無形資產評價時，往往可能要先進行企業評價」、「評價人員執行企業評價時，應取得足夠且適切之財務資訊並評估其對價值結論之可能影響」。評價人員必須先取得該企業的歷史性

財務資訊、展望性財務資訊,而這些財務資訊,也就是一般大眾常聽到的財務報表。因此,個案企業的財務報表分析,就是執行無形資產評價或是企業評價的基本工作之一。

想要正確的分析企業財務報表之前,就必須先對可能會影響到該企業的經營績效、政府法規、股東經營政策、財務狀況、獲利能力、產業競爭狀況及經營團隊管理能力等因素,有充分及全面的瞭解,因為這些攸關因素對於標的無形資產或標的企業價值,都會有極重大的影響。

不論我們採用哪一種評價方法執行評價,為了要精確有效的預測企業未來的獲利能力或財務狀況,或是,為了要有效的找出適當且真正可供類比的企業,甚至於,為了瞭解企業過去的資產及負債等情形,評價人員都必須先從個案企業的財務報表分析開始著手。

二、基本財務報表分析

就企業評價來說,財務報表分析對企業價值的推估,具有下列功能:

(一)瞭解企業及其優缺點。

(二)辨識需要調整的項目。

(三)找出影響企業暨無形資產價值的因素——價值動因。

(四)預測未來的市場與競爭趨勢。

財務報表就像是一家公司的健康檢查報告書,這份健康檢查報告含有動態的(損益表、現金流量表、股東權益變動表)與靜態的(資產負債表)兩方面,動態的報表所報導的是公司在某一段期間的經營結果;而靜態的資產負債表所表達的是公司在某一時間點的

財務狀況，接下來，我們將對基本財務報表分析所使用的報表逐一的做介紹：

（一）資產負債表

又稱為財務狀況表，該報表表示企業在某一特定日期（通常為各會計期末）的財務狀況（即資產、負債和業主權益的狀況）的主要會計報表。資產負債表（如下表 5-1）功用除了企業內部除錯、經營方向、防止弊端外，也可讓所有閱讀者於最短時間瞭解企業經營狀況。

（二）綜合損益表

綜合損益表是用以反映公司在一定期間內（通常為一年或一個會計年度）利潤實現（或發生虧損）的財務報表，它是一張動態的財務報表。損益表（如下表 5-2）可以為報表的閱讀者提供作出合理的經濟決策所需要的有關資料，可用來分析利潤增減變化的原因，公司的經營成本，作出投資價值評價等。通常一般大眾都會認為自己所投資公司的每股盈餘（EPS）越高越好，但高 EPS 並不代表就一定會有高額的現金入帳，還必須藉由現金流量表才能窺探其究竟。

（三）現金流量表

現金流量表所表達的是在某一固定期間內（通常是每季或每年），一家企業或機構的現金（包含銀行存款）增減變動的情況。現金流量表（如下表 5-3）的出現，主要是想反映出資產負債表中各個項目對現金流量的影響，並根據其用途劃分為經營、投資及融資三個活動分類。現金流量表可用於分析一家企業或機構在短期內有沒有足夠現金去應付開銷。

表 5-1　新新小舖資產負債表

新新小舖有限公司
資產負債表（帳戶式）

日期：2017/01/31　　　　　　　　　　　　　　　　製表 PorterMan 2017/11/16　頁次：1

項目	金額	%	項目	金額	%
資產			負債		
流動資產			流動負債		
現金及約當現金			應付票據		
庫存現金	231,590	21.17%	就放票據		
零用金／週轉金	6,823	0.62%	應付帳款	21,200	1.94%
銀行存款	575,208	52.59%	其他應付款	174,673	15.97%
應收票據淨額	30,000	2.74%	應付營業稅	11,350	1.04%
應收票據			銷項稅額	8,250	0.75%
應收帳款金額			預收款項		
應收帳款	50,363	5.52%	預收貨款	6,000	0.55%
應收票據—刷卡銀行	16,100	1.47%	流動負債合計：	221,473	20.25%
存貨			負債總額：	221,473	20.25%
商品存貨	96,631	8.83%			
預付款項			權益		
預付貨款	13,000	1.19%	資本（或股本）		
進項稅額	638	0.06%	資本（或股本）	600,000	54.85%
流動資產合計：	1,030,353	94.19%	資本（或股本）合計：	600,000	54.85%
非流動資產			保留盈餘（或累積虧損）		
不動產、廠房及設備			未分配盈餘（或累積待彌補虧損）		
機器設備—成本	35,000	3.20%	累積盈餘	122,880	11.23%
辦公設備—成本	28,500	2.61%	本期損益	66,496	6.08%
非流動資產合計：	53,500	5.81%	前期損益	83,004	7.59%
			未分配盈餘（或累積虧損）合計：	272,380	24.90%
			保留盈餘（或累積虧損）：		
			權益總額：	872,380	79.75%
資產總額	1,093,853	100.00%	負債與股東權益總額：	1,093,853	100.00%

表 5-2　大立光合併損益表

大立光電股份有限公司及其子公司
合併綜合損益表
民國一○五年及一○四年一月一日至十二月三十一日

單位：新台幣千元

			105年度		104年度	
			金　額	%	金　額	%
4000	**營業收入淨額**(附註六(十四)及七)	$	48,351,791	100	55,868,893	100
5000	**營業成本**(附註六(四)及(十)及七)		15,903,015	33	23,812,108	43
			32,448,776	67	32,056,785	57
5910	未實現銷貨利益		(27,526)	-	-	-
5900	**營業毛利**		32,421,250	67	32,056,785	57
6000	**營業費用**(附註六(十)及七)：					
6100	推銷費用		660,710	1	503,862	1
6200	管理費用		1,050,568	2	1,312,911	2
6300	研發費用		2,796,015	6	2,585,380	5
			4,507,293	9	4,402,153	8
6900	**營業利益**		27,913,957	58	27,654,632	49
7000	**營業外收入及支出：**					
7010	其他收入(附註六(十六)及七)		392,225	-	354,535	1
7020	其他利益及損失(附註六(十六)及七)		(69,432)	-	1,156,650	2
7050	財務成本(附註六(十六))		-	-	(3)	-
7060	採用權益法認列之關聯企業損益之份額(附註六(五))		14,449	-	(5,852)	-
			337,242	-	1,505,330	3
7900	**稅前淨利**		28,251,199	58	29,159,962	52
7950	**減：所得稅費用**(附註六(十一))		5,518,174	11	5,003,434	9
8200	**本期淨利**		22,733,025	47	24,156,528	43
	其他綜合損益：					
8310	**不重分類至損益項目**(附註六(十))：					
8311	確定福利計畫之再衡量數		(9,768)	-	(7,367)	-
8349	與不重分類之項目相關之所得稅		-	-	-	-
			(9,768)	-	(7,367)	-
8360	**後續可能重分類至損益項目：**					
8361	國外營運機構財務報告換算之兌換差額		(741,527)	(2)	(70,565)	-
8362	備供出售金融資產之未實現評價損益(附註六(十七))		(7,521)	-	(49,376)	-
8370	採用權益法認列之關聯企業其他綜合損益之份額－其他		(90)	-	60	-
8399	與可能重分類之項目相關之所得稅		-	-	-	-
			(749,138)	(2)	(119,881)	-
	本期其他綜合損益(稅後淨額)		(758,906)	(2)	(127,248)	-
8500	**本期綜合損益總額(歸屬於母公司業主)**	$	21,974,119	45	24,029,280	43
	每股盈餘(元)(附註六(十三))					
9750	**基本每股盈餘**(單位：新台幣元)	$	169.47		180.08	
9850	**稀釋每股盈餘**(單位：新台幣元)	$	167.82		176.92	

(請詳閱後附合併財務報告附註)

董事長：林恩舟 　　經理人：林恩平 　　會計主管：曹杏如

~6~

表 5-3 某財團法人基金會現金流量表

財團法人 xxx 基金會 現金流量表 xx 年 xx 月 xx 日	
營業活動之現金流量：	
本期淨損	(200,000)
折舊費用	100,000
減應付票據增加數	(350,000)
減存貨增加數	(250,000)
回應付帳款增加數	500,000
營業活動之淨現金增加（減少數）	(200,000)
投資活動之現金流量：	
購買機器設備	(1,000,000)
購買土地與建築物	(3,100,000)
投資活動之淨現金增加（減少數）	(4,100,000)
融資活動之現金流量	
發行股份	10,000,000
融資活動之淨現金增加（減少數）	10,000,000
本期現金增減數	5,700,000
期初現金數	0
期末現金數	57,00,000

（四）股東權益變動表

　　股東權益變動表是指反映構成股東權益（或稱為所有者權益）各組成部分當期增減變動情況的報表。股東權益變動表（如下表5-4）應當全面反映一定時期所有者權益變動的情況，不僅包括所有者權益總量的增減變動，還包括所有者權益增減變動的重要結構性信息，特別是要反映直接計入所有者權益的利得和損失，讓報表使用者準確理解所有者權益增減變動的根源。

　　評價人員依據所取得的財務報表及相關資訊予以分析之後，也不斷的累積各個產業獨有的行業特性與知識，經過經驗與判斷，評價人員自然而然會發展出一套企業同業比較分析與趨勢分析。此

表 5-4　清明上河圖科技股東權益變動表

清明上河圖科技股份有限公司

股東權益變動表

民國 100 年及 99 年 01 月 01 日至 99 年 12 月 31 日

單位：新臺幣元

項目	普通股股本	資本公積	保留盈餘			庫藏股票	股東權益總計
			法定盈餘公積	特別盈餘公積	未提撥保留盈餘		
期初餘額	$ 2,227,952,710	$ 1,418,797,814	$ 35,284,091	$ 159,252	$(313,475,852)	$ 141,505,527	$ 3,510,242,543
前期權益調整	-	-	-	-	-	-	-
民國九十九年一月一日調整後餘額	2,227,952,710	1,418,797,814	35,284,091	159,252	(313,475,852)	141,505,527	3,510,242,543
本期權益	-	-	-	-	354,220,804	-	354,220,804
盈餘提撥及分配							
本期變動合計					354,220,804		354,220,804

外，評價人員可以從個案企業財務報表的附註、揭露事項、關係人交易、重大的期末調整、鉅額的資產沖銷項目、應收帳款增加的幅度比銷貨收入增加的幅度大、存貨增加的幅度比銷貨收入增加的幅度大、未予以解釋或說明的會計變動、會計師出具保留意見或不尋常的會計師異動，甚至是管理階層的會議紀錄等資料，找出可疑或異常事項。

三、同基分析與趨勢分析

　　不論是評估無形資產的價值或是使用該無形資產的企業價值，都必須掌握獲利能力、存在或隱含的風險及未來的成長性。因此，評價人員執行價值評估時，需要採取具有邏輯的架構與方向來進行財務報表分析。

　　同基分析也可以稱為共同比分析或垂直分析，係將財務報表中各個項目與該報表中金額最大的項目比較，並轉化為相對的百分比，用以分析各個項目在同一時點或期間之相對關係。

　　以資產負債表來說，係以金額最大的總資產為 100%，並計算其他項目相對於總資產的比率。例如以總負債除以總資產，即可以顯示總負債占總資產的比率；如果以損益表來說，係以總銷貨收入為 100%，並計算其他項目相對於總銷貨收入的比率。例如以銷貨毛利除以總銷貨收入，即可以顯示銷貨毛利占總銷貨收入的比率，也就是一般社會大眾耳熟能詳的毛利率。

　　而趨勢分析也可以稱為時間序列分析或水平分析，係將不同時點或期間之財務報表中各個項目，與該項目的某一前期或後期的金

額做比較，並轉化為相對的百分比，以分析各該項目在不同時點或期間之相對關係，用以瞭解不同時點或期間之變動狀況。

　　例如以 2015 年的總銷貨收入金額為基礎，將自 2016 至 2018 年各個年度的總銷貨收入金額，分別除以 2015 年的總銷貨收入金額，即可以瞭解總銷貨收入在 2016 至 2018 年三年之內的變動狀況。

四、財務比率分析

　　財務比率並非絕對的，它是一種相對的概念，數字本身並沒有太大的意義，必須同時考量受評企業所處的經營環境與競爭狀況，並與該企業其他年度或期間；或是與其他企業相同的比率做比較，才能顯示出其真正的意義。因此，財務比率「沒有最好只有更好」。

　　我們在分析受評企業的經營績效時，除了財務比率之外，常常也需要加入其他行業特有的比率或數字。例如，餐飲業者要確認「顧客的翻桌率」、飯店業者要確認「旅客的訂房率或住房率」、電子商務業者要確認「入口網站的訪客點擊率」等，這些都是會隨著評價案件的不同而做調整的。

　　在台灣，金管會（即金融監督管理委員會）要求公開發行公司公告基本的財務比率，這些項目通常包括獲利能力、經營能力、償債能力、財務結構、槓桿度及現金流量等，接下來，我們將對財務比率分析逐一的做介紹。

（一）獲利能力

　　所要表達的是企業使用資產所產生的最終效果，而最終效果通

常是以獲利或收益的方式呈現出來的。評價人員可以透過這些比率進一步瞭解該企業的獲利能力，或是藉以找出可能改善該企業獲利能力的方向。

1. 報酬率

⑴總資產報酬率（ROA）

$$總資產報酬率＝稅後淨利／總資產$$

這個比率所要表達的是企業使用總資產所產生或創造出稅後淨利的能力。總資產報酬率越高，就表示企業使用總資產所能產生或創造出的稅後淨利越高，其經營績效也就越好。

⑵股東權益報酬率（ROE）

$$股東權益報酬率＝稅後淨利／平均股東權益$$

通常這個比率是股東們最關切的議題，即該企業是否能夠有效的使用股東的資金來產生或創造收益。因為這個比率所要表達的是平均每單位股東權益所能創造出的稅後淨利，因此是一種跨年度的（YOY）比較概念。股東權益報酬率越高，就表示企業使用股東的資金所能產生或創造出的稅後淨利越高，其經營績效也就越好。

⑶投入資金報酬率（ROI）

$$投入資金報酬率＝稅後淨利／（長期負債＋股東權益）$$

這個比率所要表達的是企業使用總投入長期資金所產生或創造出稅後淨利的能力。因為，短期流通資金或是流動資金是經由短期負債而取得的，這些並不能要求創造出報酬，因此在分母中將短期流通資金剔除。投入資金報酬率越高，就表示企業使

用總投入長期資金所能產生或創造出的稅後淨利越高，其經營
績效也就越好。

2. 獲利率

(1)淨利率

$$淨利率＝淨利／營業收入$$

這個比率所要衡量的是淨利占營業收入的比率。

(2)營業利益率

$$營業利益率＝營業利益／營業收入$$

這個比率所要衡量的是企業從營業活動中產生或創造出的營業
利益占營業收入的比率。

(3)營業毛利率

$$營業毛利率＝營業毛利／營業收入$$

這個比率所要衡量的是企業從營業活動中產生或創造出的營業
毛利占營業收入的比率。

(4)每股盈餘

$$每股盈餘＝（本期淨利－特別股股利）／流通在外的$$
$$普通股股數$$

這個比率所要衡量的是每一股普通股所獲得的利潤。

（二）經營能力

所要表達的是該企業是否有效率的使用各項資產，或是該企業
是否能夠有效率的管理並運用各項資產。評價人員可以發現，當一
家企業能夠有效率的管理並運用各項有限的資產時，其獲利能力與

償債能力也會因而提高。

1. 應收帳款周轉率

$$應收帳款周轉率＝淨營業收入 / 平均應收帳款$$

　　淨營業收入是指某一會計期間內的總營業收入減去銷貨退回與銷貨折讓，這個比率所要衡量的是企業的應收帳款在某一會計期間內轉換成現金的次數，應收帳款周轉率越高，就表示企業收取現金的能力、應收帳款的品質及企業對應收帳款的管理越好。但是，如果企業的應收帳款周轉率太高，有可能表示該企業的銷售策略太過嚴苛。例如，與同業平均數據相比較之下，可能其賒銷額度太低或是條件太死板，導致失去了許多的銷售機會。

2. 存貨周轉率

$$存貨周轉率＝營業成本 / 平均存貨$$

　　這個比率所要衡量的是某一會計期間內企業的資金應用在存貨的情形，並將存貨銷售出去的能力。理論上存貨周轉率越高，就表示企業將存貨銷售出去的能力越好，但是，如果企業刻意的降低存貨以提高資金的使用效率，反而會產生負面的效果。例如，與同業平均數據相比較之下，企業的存貨太低可能使得原先接到的訂單因為缺原料或是缺零件，導致生產線因為等待原料或是零件而停工，甚至無法如期交貨的窘境。因此，評價人員必須同時取得產業平均存貨周轉率的數據，才能更加準確的分析受評企業的存貨周轉率是否適當。

3. 固定資產周轉率

$$固定資產周轉率＝營業收入 / 平均固定資產$$

這個比率所要表達的是某一會計期間內企業使用的固定資產是否能夠產生或創造出合理的營業收入。理論上固定資產周轉率越高，就表示企業使用的固定資產的效率越好，但是，因為固定資產項目中常存在著為數不小的長期投資，所以如果要更加精確的算出固定資產周轉率，則必須先將長期投資從固定資產項目中扣除，否則，會因而低估企業的固定資產周轉率。

4. 總資產周轉率

$$總資產周轉率＝營業收入／平均總資產$$

這個比率所要表達的是某一會計期間內企業使用的總資產是否能夠有效的產生或創造出合理的營業收入。理論上總資產周轉率越低，就表示企業的總資產都能夠有效率的使用，生產設備沒有閒置、存貨運用得宜也沒有缺原料或是缺零件的情形、企業對應收帳款的管理良好也沒有過多無法收回的壞帳等，但是，如果總資產周轉率太高，則表示該企業投資太低或擁有的總資產太少，並沒有達到最佳的經濟規模，因此，總資產如果未能適度的提高或調整，將會因而影響到該企業的價值。

（三）償債能力

所要表達的是該企業是否能夠從營業收入中償還債權人的資金。對債權人而言，這個比率當然是越高越好。我們將企業必須償還債權人資金的時間長短，分為下列兩大類：

1. 短期償債能力

所要表達的是該企業是否有能力在短期內將一些資產轉換成現金，用來償還即將到期的負債，因為短期內如果發生資金周轉不靈而無法如期償還負債，公司很可能陷入倒閉的危機。

⑴流動比率

$$流動比率＝流動資產／流動負債$$

這個比率所要衡量的是該企業即將到期或即將要償還的流動負債，有多少流動資產可以用來償還。流動比率越高，表示企業償還流動負債的能力越好，發生周轉不靈的風險就越低。評價人員在分析企業短期的償債能力時，仍然必須考量產業的季節特性及其他人為因素對流動比率所產生的影響。

⑵速動比率

$$速動比率＝（流動資產－存貨、預付費用等變現力較差的資產）／流動負債$$

因為流動資產中包括許多例如存貨及預付費用等變現力較差的資產，因此，我們將流動資中變現力較差的資產扣除之後，分子中的項目將變成更加嚴謹的速動資產。這個比率可以用來評估企業緊急償還流動負債的能力，所以速動比率越高，即表示企業的緊急償還能力越好。

⑶現金比率

$$現金比率＝現金及約當現金／流動負債$$

因為大多數的債務或負債最終都必須用現金償還，因此，在評估企業短期償債能力時，可以計算該企業有多少現金及約當現金可以用來償還即將到期的流動負債。現金比率越高，表示企業償還流動負債的能力越好。

上述提到的三個項目，即流動比率、速動比率與現金比率，是用來衡量企業償還短期（流動）負債的能力，因為企業的流動

資產相較於非流動資產通常具有較高的變現性，因此，一般也稱為變現性指標。

⑷利息保障倍數

$$利息保障倍數＝營業利益／利息費用$$

另一方面，評估企業的償債能力時，也必須評估企業定期所要支付的利息及到期償還本金的能力。企業的償債能力與獲利能力的關係密不可分，如果沒有足夠的獲利能力，當然無法創造出足夠的現金來支付利息及償還本金。公式中的分子為息前稅前營業利益（EBIT），不必去考量非常損益等性質特殊且不會重複發生的盈餘項目，以減少分析時的波動。利息保障倍數越高，則表示債權人受到保障的程度越高。

2. 長期償債能力

⑴負債權益比

$$負債權益比＝總負債／股東權益$$

這個比率所要衡量的是該企業總負債相對於股東權益的比率。該比率如果過高或大於產業平均，表示該企業長期需要償還的負債越多，可能會面臨無法如期償還負債的風險，相較於負債權益比較低的企業來說，其財務結構可能也比較不健全。

（四）財務結構

所要表達的是該企業是否健全。

1. 負債占資產比率

$$負債占資產比率＝總負債／總資產$$

　　這個比率所要衡量的是該企業總資產的資金來源有多少比率是來自於負債。該比率越高，表示該企業取得資產所使用的資金，有較高的比重可能來自於債權人（負債），相較於負債占資產比率較低的企業來說，其面臨的財務風險也會比較高。

2. 長期資金占固定資產比率

　長期資金占固定資產比率＝（長期借款＋股東權益）／固定資產

　　長期資金係指來自長期借款債權人與股東的資金，如果企業常以舉借短期資金來支應長期資金需求，其面臨的財務風險也就比較高。

（五）槓桿度

1. 財務槓桿

$$財務槓桿＝營業利益／（營業利益－利息費用）$$

　　這個比率所要衡量的是該企業是否能夠有效的使用舉借的資金。如果所產生的利潤大都用來支付利息，則該企業的財務風險也就比較高。因此，財務槓桿越高，表示該企業的債務壓力越大，其面臨的財務風險也比較高。

2. 營運槓桿

$$營運槓桿＝（營業收入－變動營業成本及營業費用）／$$
$$（營業收入－變動營業成本及營業費用）－$$
$$固定營業成本及營業費用$$

　　這個比率所要衡量的是該企業獲利能力的變化。企業成本結構中，固定營業成本及營業費用的比率越高，表示該企業的營運槓桿

越高。營運槓桿越高,表示該企業的債務壓力越大,其面臨的營運
風險也比較高。

(六) 現金流量比率

1. 營運現金流量占流動負債比率

營運現金流量占流動負債=營運現金流量/流動負債

這個比率所要衡量的是該企業是否能夠有效的使用營運資金償
還流動負債的能力。

2. 營運現金流量占長期負債比率

營運現金流量占總負債比率=營運現金流量/
(長期負債+所有附息負債)

這個比率所要衡量的是該企業是否能夠有效的使用營運資金償
還所有附息負債的能力。

(七) 未來成長性

在分析企業未來成長率時,可以用跨年度的比較方式協
助我們找出企業的成長趨勢。

1. 營業收入成長率

營業收入成長率=
【(當年度營業收入/前年度營業收入)-1】×100%

2. 營業毛利成長率

營業毛利成長率=
【(當年度營業毛利/前年度營業毛利)-1】×100%

3. 營業利益成長率

營業利益成長率＝

【（當年度營業利益／前年度營業利益）－1】×100%

4. 淨利成長率

淨利成長率＝

【（當年度淨利／前年度淨利）－1】×100%

5. 總資產成長率

總資產成長率＝

【（當年度總資產／前年度總資產）－1】×100%

6. 總負債成長率

總負債成長率＝

【（當年度總負債／前年度總負債）－1】×100%

7. 股東權益成長率

股東權益成長率＝

【（當年度股東權益／前年度股東權益）－1】×100%

　　除此之外，執行評價時還是記得一個重要提醒，「評價人員執行企業評價時，應取得足夠且適切之財務資訊並評估其對價值結論之可能影響」。因此，評價人員還要考量受評企業或受評無形資產

擁有者所處的環境、企業的規模、企業成立的時間長短等因素，因為通常企業的規模越大風險較小；再者，企業成立的時間越短，營運經驗及組織結構較不穩定，所面臨的風險也相對較高，這些對受評企業的價值推估或多或少都會有所影響。

六

財務報表常規化調整

案例研習 11

✦ 受評價企業 E 的財務報表均依照現行的一般公認會計原則
　（GAAP）編制而且都經過會計師事務所查核簽證，是否
　還需要進行常規化調整呢？

✦ 某企業會計主管錢主任是評價分析師 Jander 的多年好
　友，認為無形資產在計算攤提之標準似乎十分複雜，遂
　親赴 Jander 的專利師事務所請教，如果您是評價分析師
　Jander 該如何回答。

一、個案企業相關資料蒐集

　　我們已經從評價程序與架構的章節中，學習到在評價任務確認
之後，要開始進行財務分析的工作，必須先調查與蒐集客戶（受評
企業）所提供的相關資訊。另一方面，我們再來回顧一下第三章所
曾經提過的，依據《評價準則公報》第十一號「企業之評價」第 8
條的規定，「評價人員執行企業評價時，應取得足夠且適切之非財
務資訊並評估其對價值結論之可能影響」及「評價人員執行企業評
價時，應取得足夠且適切之財務資訊並評估其對價值結論之可能影
響」。

　　何以見得，我們所取得的財務及非財務資訊已經算是足夠且適
切了呢？舉例來說：最好能夠取得過去三到五年且已經過會計師簽

證過的財務報表、過去三到五年的所得稅申報書、過去三到五年的財產清冊及未來三到五年企業預測的財務報表、企業之屬性（行業別、獨特性因素、組織型態、組織規模及公開發行與否等）與歷史等文件、公司登記證、公司章程、股東名冊與股權結構、關係企業名冊、主要客戶名單與主要供應商名單、尚在進行中的買賣或承攬合約、尚在進行中的訴訟案件、員工退休金或員工福利計畫、與政府往來的信函、主要競爭者、主要產品或服務之市場區域、專利證書、著作權、商標權或其他無形資產授權使用合約與其產業市場概況等資料。但是，我們也要特別指出，坊間並沒有一套所謂的「關於財務分析的標準作業指南」供評價人員遵循，只有全面的、客觀的、合理的研究、比對並分析所有與受評企業相關的因素與數據，才能建立評價專業領域公正、客觀的形象。

由此看來，評價人員除了要先取得該企業的歷史性財務資訊、展望性財務資訊之外，還必須針對個案企業的非財務資訊作適當的研判分析，而為了提高工作效率，避免影響到評價工作的進度，我們建議可以事先建立一份所需資料清單的習慣，這不僅可以幫助評價人員在簽訂評價委託書時清楚的告知委託單位所需的資料，還可以當作日後發生爭議時的憑據。

二、常規化調整的功能

我們必須提醒評價人員的是，也許您已經順利的取得委託單位所提供的財務報表及相關資料，但是，即使這些財務報表已經相當齊全且經過會計師簽證過了，並不表示我們就可以毫無保留的直接採用，因為現行的一般公認會計原則（GAAP）允許會計人員在處

理各種會計交易記錄時有一定的彈性空間，所以不同企業的財務報表或多或少還是有可能存在些許的差異，因此，如果我們要將受評企業的財務報表與其他同業的財務報表做比較，就必須先將受評企業的財務報表進行適當的調整，才能更精確的反映該企業真實的經營狀況。

　　根據 NACVA 的觀點，財務報表進行常規化調整的主要目的是「透過調整企業財務報表或企業所得稅申報書，以致該報表更能準確的反映出該企業真實的財務狀況以及營運的情形與成果，如此將有助於評價分析師更準確的評估該企業的「公平市場價值」。

　　因此，我們歸納出財務報表常規化調整是為了達成以下幾個目的：

（一）方便提供企業間做對照比較。

（二）提供評價分析師判斷並預估未來的營運績效。

（三）可以更準確的評估該企業的公平市場價值。

　　我們進行常規化調整時，仍然應該遵循一般公認會計原則，舉例來說，當我們調降損益表中的營業費用（例如如果我們認為，業主的薪酬包括福利與企業負擔業主個人費用金額高於同業水準，應該予以剔除或調降），同時，我們也應該調整應付所得稅、稅後淨利及保留盈餘等與營業費用有關的項目。

　　接下來，我們就來介紹評價上常見的財務報表常規化調整項目：

（一）**可疑應收帳款項目**：例如應收帳款向債務人函證與回函不符或回函遲延、一年或一年以上（長期）的應收帳款、發現不明原因或未加以說明或解釋的帳務差異、關係人交易金額過於鉅大等。

（二）**存貨評價方法**：企業採用先進先出（FIFO）與後進先出（LIFO）不同的存貨評價方法通常會對企業的成本造成相當大的影響。例如，在物價大幅度上漲期間，採用先進先出法

　　存貨評價的企業，比較符合在正常的生產成本；但是，相對
　　於採用後進先出法存貨評價的企業，因爲存貨漲價使得當期
　　的生產成本提高，也造成所得稅變低。爲了方便與其他同產
　　業公司做比較，我們就必須作出存貨評價方法的調整。

（三）**提列折舊方法**：通常企業提列折舊的方法不同，對企業資產
　　價值的呈現當然也會有很大的差異。
　　提到企業提列折舊或攤銷的方法，依據《營利事業所得稅查
　　核準則》第 96 條，無形資產應以出價取得者爲限，其計算
　　攤提之標準如下（呼應案例研習 11 錢主任所提出的問題）：
　　1. 營業權爲十年。
　　2. 著作權爲十五年。
　　3. 商標權、專利權及其他特許權爲取得後法定享有之年數。
　　4. 商譽最低爲五年。

（四）**租賃資產**：企業如果以租賃的方式取得一些資產，如廠房、
　　機器設備、辦公設備、業主或高階主管公務車等，評價人員
　　必須要深入瞭解租賃合約內容以便判斷資產是屬於營業租賃
　　或資本租賃。

（五）**收益費用認列原則**：評價人員必須瞭解企業收益費用認列原
　　則，才能合理的推估並調整有關資產、負債、收益及費用。
　　例如，商品銷售或服務（勞務）的提供，除了在損益表上認
　　列收益之外，同時也使得資產增加或負債的減少。另外，機
　　器設備提列折舊使得資產減少、支付應付廠房租金使得負債
　　增加，因此，費損通常與收益項目同時認列。

（六）**業主的薪酬包括福利與津貼**：評價人員可以依評價企業的類
　　型，參考政府核定的員工薪資水準。通常企業規模越小，業
　　主的薪酬與津貼與一般同產業水準差異越大，常會隨著企業

當年度的獲利情況或業主個人的喜好做調整。為了合理準確
的評估企業的價值，我們必須參考政府核定的員工薪資水準
或是同產業平均薪酬來進行調整。

（七）**或有事項、或有負債**：評價人員必須瞭解受評企業是否有一
些未揭露的或有事項、或有負債。例如，已進行中的或尚未
結案的訴訟案件、沒有記載但存在的產品保固或維修服務義
務、沒有記載但存在的員工退休金或員工福利計畫。這些事
項通常對企業的價值都會有一定的負面影響，我們必須予以
分析並做合理的調整。

（八）**閒置資產**：評價人員必須瞭解受評企業是否仍有一些閒置、
尚未投入營運的資產未予以揭露。例如，早已閒置的資產未
加以處理或是閒置的資產未提列折舊等情形，閒置的資產應
該轉列為長期投資或其他資產，或是否有部分資產因為訂單
減少或停工而少提列折舊，如果發現已經確認無使用價值的
閒置資產，是否考量應該按淨變現價值或帳面價值較低者轉
列為其他適當的科目。

（九）**預付款項**：評價人員必須瞭解受評企業預付款項的攤提程序
並確認尚未攤提的金額、檢視該款項是否已經全數打消。

（十）**非常態、偶發事項**：評價人員必須確認受評企業是否仍有重大
事項未在財務報表上做適當揭露。例如，財務報表編制的會
計估計原則或基礎是否與前期一致、是否仍有欠繳稅款或賠
償案件；另外財務報表日後（即期後），是否仍有重大或有事
項或承諾、企業資本額、營運資金或長期負債是否有變動、
查明股東會或董事會會議紀錄是否仍有股東會或董事會尚未
執行完成事項、是否有發行新股或債券解散清算等情事等。

案例研習 12

✦ 綜合前述之案例，營利事業應依使用或取得專利權、產品線代理權及智慧財產權等無形資產，分別適用支付使用權利金或取得無形資產攤提相關規定。而無形資產之取得及攤提，應特別注意無形資產內容是否可明確辨認、交易價格是否合於常規，以及攤提年數是否合乎法令規定，以因應稅捐稽徵機關之查核。評價分析師 Dustin 特別推薦 KPMG 所提出「當營利事業面臨下列三種情況時，應該如何依序控管並降低稅務爭議產生之建議」，供讀者參考：

交易籌劃與納稅申報	稅務調查和質詢	稅務爭議及糾紛
■ 公司擬取得無形資產時，應評估該無形資產是否具可辨認性、可被企業控制及具未來經濟效益，並備妥可證明該無形資產公平價值之相關證明文據，如外部專家出具之鑑價報告、買賣雙方之約定合約等。 ■ 該無形資產攤折時，應按法令規定該無形資產類型進行攤折，並應提出該項資產之證明文據，無確定享有年限之無形資產則無法攤折。 ■ 集團企業若有內部無形資產之移轉，應以全球租稅規劃角度檢視內部之利潤分配、移轉訂價是否合理。	■ 稅局來函調查無形資產之資產價值及攤折數時，營利事業應具備可佐證資產價值之文據，以供稅局調查。 ■ 針對無形資產攤折有認定爭議時，公司應尋求最佳的解決方案，以便與稅局達成共識，讓稅局在對公司最有利的情況下完成調查及查核。	■ 公司可選擇最優方案來解決爭議事項，例如與稅局達成和解、必要時提起行政救濟、對相關主管機關陳述意見等。
保護	管理	解決

如果您面對相同或類似的情況，是否也知道應該如何處理了呢？

三、常規化調整資產負債表

　　評價人員執行完財務報表必要的常規化調整項目之後，接下來，我們需要重編經過常規化調整項目之後的財務報表。為了讓資產負債表及損益表更能反映受評企業的真實情況，以便提供更可靠的資料作為評價的參考依據。

　　我們以表 6-1 說明常見的必要調整內容及做法，供讀者參考：

表 6-1　常規化調整資產負債表

資產負債表項目	常規化調整內容及做法
應收帳款	調整至實際可收回的金額、檢查可疑項目的合約內容、考量是否要刪除該可疑項目
存貨	調整至重置成本
固定資產	調整至市場實際價值或重置成本、檢視折舊提列方法
租賃資產	調整至重置成本、檢視租賃合約內容
閒置資產	考量按淨變現價值或帳面價值較低者轉列為其他適當的科目
無形資產	調整至評價專家估計價值
其他有價證券	調整至市場實際價值
預付款項	檢視預付款項攤提程序、是否已經打消
負債	調整至實際價值
或有負債	檢查是否有一些未記錄的負債、未揭露的或有負債、欠繳稅款或賠償案件

四、常規化調整損益表

　　為了提供評價人員有用的資訊，以便能更進一步與同產業公司的收益及費用項目比較、幫助評價人員更精確的掌握受評企業未來

的營運狀況、財務預測，我們需要重編經過常規化調整項目之後的損益表。

　　接下來，我們同樣以表 6-2 說明常見的必要調整內容及做法，供讀者參考：

表 6-2　常規化調整損益表

損益表項目	常規化調整內容及做法
銷貨（勞務）收入	考量是否要刪除非營運相關的收入項目（如利息、其他營業外的收入）
銷貨成本	應該同時檢視存貨及呆帳認列作業
業主的薪酬	檢視業主或其他高層主管是否支領不合理的高薪、調整至同業市場水平
人頭薪酬	檢視是否有支付沒有參與經營或應刪除的人頭薪資（業主的妻子、小孩或親人）
交際費用	確認是否有與營運無關的業主個人消費並應該刪除
租金費用	如有向關係人承租廠房或將廠房租給關係人，應調整至市場合理的租金水平
出差費用	確認是否有與營運無關的業主個人消費並應該刪除
折舊費用	調整正確提列折舊方法
福利津貼	調整至合理的範圍
其他項目	中小企業業主經常公私不分，檢查是否有業主或其他高層主管私人汽車的維修費用並應該刪除

七

經濟分析

案例研習 13

✦ 王分析師無意中發現同為評價分析師的好友 Dustin 在執
　行企業或無形資產評價工作時，經常會花費不少時間進行
　經濟分析，王分析師告訴 Dustin 何必多此一舉。您是否
　也贊同王分析師的論點呢？

一、經濟分析的功能

　　評價人員完成財務報表基本分析工作之後，即可透過經濟與
產業分析的結果，對受評企業過去的經營績效及其對未來的財務預
測、營運方向做再一次的驗證，藉以幫助評價人員更精確的評估出
企業最終的價值。接下來，我們要針對與評價息息相關的經濟與產
業分析，以及如何將這些分析資訊運用在評價上做更深入的說明。

　　所謂「經濟分析」係依據經濟事實與數據，運用適當的方法，
對經濟活動的問題或現象進行研究、解釋或對未來經濟變數作出預
測。經濟分析主要以「總體經濟」為研究對象，例如國家層級的生
產、消費行為、政府經濟政策、國際貿易、投資等議題。而總體經
濟的好壞對企業經營同時具有質與量的影響，當然也就會影響企業
的價值。

　　然而評價人員所進行的經濟分析與經濟學家所做的研究則有顯
著的不同。評價人員的經濟分析有明確的方向，目的是透過經濟分

析來回答幾個基本的問題，例如：「未來的經濟發展對受評企業或受評企業的成長或銷售，會產生有利或不利的影響？」「原物料、零組件價格的波動對受評企業或受評企業成本的衝擊，會產生正面或負面的影響？」正因為企業或受評企業的價值直接或間接受到經濟景氣變動的影響，所以評價人員在評價報告中必須探討經濟景氣變動會如何影響企業的價值動因。

依據《評價準則公報》第四號「評價流程準則」第13條所指出：評價人員應考量評價標的及案件之性質及工作範圍，執行適當之基本分析，以瞭解各項資訊對於評價標的價值之影響。

前項基本分析應包括對下列事項之分析：

（一）評價標的之過去營運或使用結果。

（二）評價標的之目前營運或使用結果。

（三）評價標的之未來展望。

（四）產業、總體經濟環境及法令。

案例研習 14

✦ 經濟分析的資訊，有時難免要花錢才能取得，是否所有的評價案件一定都要尋求經濟學專家的協助呢？經濟分析的項目如此多元化，在評價實務上是否有一定的標準或規範呢？

二、經濟分析的基本項目

　　接下來，我們要簡單的複習總體經濟學中一些重要的名詞。例如國民所得、進出口貿易、政府經濟政策、利率、通貨膨脹率等。評價人員除了要明白這些名詞的意義之外，也要瞭解它們對受評企業或受評企業價值的影響。

（一）國民所得

　　雖然國民所得資料可以用來衡量一個國家或地區的生活水準、比較幾個國家之間的生活水準、協助政府評估商業環境趨勢等，但是作爲反映一個國家的經濟指標來說，它仍有許多限制與不足。對於評價用途而言，分析國民所得與其變動率（國民所得成長率）的目的，在於從宏觀面瞭解並掌握以下幾個關鍵的問題：受評企業所面臨的整體經濟環境究竟是成長、衰退或是停滯？消費者的消費能力是處於什麼層次？消費者的消費力道是成長或是衰退？因爲國民所得成長的動能最終會反映在對企業產品或勞務的需求上，因此，在其他的條件不變之下，我們可以預期國民所得的成長對受評企業的價值有正面的影響，相反地，國民所得的衰退，可能會讓受評企業的價值縮水。

（二）進出口貿易

　　進出口貿易是指跨越國境的貨品或服務交易，對許多國家來說，進出口貿易在國民生產總值中都占有非常重要的地位。由於我國的經濟活動倚賴進出口業務相當大，所以國際貿易對我國的經濟榮枯可謂影響甚鉅。因此，在分析經濟景氣變動時，回顧並深入瞭解進出口狀況，便具有相當重大的意義。我國企業的價值很明顯

的與其產品的銷售數量高低（貿易輸出）有關，因此，在其他的條件不變之下，我們可以預期貿易輸出的成長對受評企業的價值有正面的影響，相反地，貿易輸出的衰退，可能會讓受評企業的價值下降。

（三）政府經濟政策

　　政府對經濟活動的影響，主要體現在兩大政策：「財政政策」與「貨幣政策」。雖然說許多國家包括我國在內，經濟體制在精神上多半是崇尚自由市場經濟，但是在實際操作上，政府仍會在某些時機點，透過政策手段對經濟活動進行某種程度的干預或引導。不同的政策對經濟個體的生產、消費活動勢必會帶來不同程度的影響，因此，也會影響到企業的銷售、獲利甚至是企業的價值。

1. 財政政策：所謂財政政策指政府依據其行政目標，透過政府部門的財政支出與稅收政策，來調節經濟活動的政策，所以財政政策可說是政府引導或影響國家經濟發展的重要手段。例如，當景氣低迷的時候，政府可以透過擴大政府各個部門的支出來刺激民間產出，或是藉由降低營利事業所得稅來刺激企業的投資活動，而達到提高總體需求、增加國民收入的目的，這類的方法稱之為擴張性的財政政策。相反地，當民間生產過剩、消費活動過度成長，也就是一般所說的「景氣過熱」的時候，政府可以藉由減少各個部門的支出，或是提高各類稅賦來達到降低總體需求、減少國民收入的目的，這類的方法稱之為緊縮性的財政政策。

   財政政策的擴張或是緊縮，也會對企業的價值產生影響。一般而言，擴張性的財政政策對經濟活動有較為顯著的推動效果，因此對企業的營收與獲利通常會有正面的效果。相反地，緊縮性的財

政政策對經濟活動會產生負面的效果，因此在進行企業價值評估時，也應該針對財政政策現況及未來政策的方向加以敘述分析，並合理、具體的反映在價值評估中。

2. **貨幣政策**：一般來說，貨幣政策通常指政府對該國家「貨幣供給」的偏好，也可以說，政府是否要讓流通在外的貨幣供給很多、很寬鬆？或是很少、很緊縮？貨幣政策的主要功能，是讓政府貨幣的主管機關透過調整利率和控制貨幣供給量的手段，來影響該國的經濟活動。

寬鬆或是緊縮的貨幣政策，當然會對企業的價值產生影響。在其他的條件不變之下，寬鬆的貨幣政策對經濟活動的生產或消費活動會有一定的激勵作用，因此會帶動消費者對企業產品或服務需求的成長。相反地，緊縮貨幣政策將造成經濟活動的衰退，因此對企業的價值也會產生負面的影響。評價人員在進行企業價值評估時，應該對貨幣政策的寬鬆或是緊縮適當的加以敘述，並對未來的貨幣政策方向做適度的說明，並合理、具體的反映在價值評估中。

（四）利率

利率，簡單的說就是資金的價格，也就是借款人使用資金某一段時間所需支付給放款人的代價，也是放款人捨棄自己的消費活動，將資金貸與借款人所獲得的回報。當資金的供給與需求發生變化時，必定會造成利率的變動。因此利率變動的方向，也就反映出目前經濟活動的走向。例如，當許多企業對未來的經濟景氣抱持樂觀看法時，將會採取擴大投資、增加產能、添購設備的計畫，因此會帶動社會大眾對資金需求的增加，進一步的引發利率（資金價

格）上升的力量。相反地，當企業對未來的經濟情勢抱持悲觀看法時，則會採取減少投資、降低產能，甚至出售設備，因此會減少資金的需求，如此一來自然就會壓抑利率（資金價格）了。

利率水平的高低通常反映了一個國家、地區經濟熱絡的程度，也能藉以窺知當地物價上漲的情形。在其他的條件不變之下，利率越高，企業借用資金的成本就越高，因此企業的價值就越低。

因為利率具體的反映出市場上資金的供需狀況，所以評價人員在進行企業價值評估時，如何能同時精準的掌握市場利率水平、變動方向與變動程度這三個構面，確實是不容輕忽的課題。

（五）匯率

由於匯率代表的是貨幣的價格，所以其價格的變動當然也就會影響到貨幣的供需狀況。也就是說，當外匯市場上對本國的貨幣需求很大，而供給量相對比較小或不足時，本國的貨幣的價格勢必會維持在一個較高的水準。因此，其匯率也會相對維持在一個較高的水準。相反地，外匯市場上對本國的貨幣需求變小時，本國的貨幣的價格就會維持在一個較低的水準，其匯率也會相對維持在一個較低的水準。

匯率的變動反映出該國貨幣的供給與需求變動方向，對本國的國際貿易、貨幣供給與需求及經濟成長都會產生重大的影響，因此，各個國家的中央銀行對其匯率市場常會做適度的干預。評價人員可以透過對匯率的觀察與分析，藉以對受評企業所在的經濟環境，有更進一步的認識。

（六）通貨膨脹率

經濟學家將通貨膨脹定義為：「一般物價水準在某一期間內，

連續性的以相當的幅度上漲。」因此，光是單一或是少數商品漲價，不算是通貨膨脹，而且漲價的幅度不大，也不是通貨膨脹。世界各國政府都設有專門單位定期蒐集各種商品或勞務的價格資料，再將這些價格乘以各自的權重再加總計算出「物價指數」。其中最具代表性的就是「消費者物價指數」與「躉售物價指數」。

　　「消費者物價指數」涵蓋了和百姓日常生活息息相關的商品與勞務，因此跟消費者有切身感受的物價密不可分。而「躉售物價指數」則是用來反映大宗物資，包括原物料、中間產品及進出口產品的批發價格，因此和製造業的關係較為密切。

　　在通貨膨脹期間，如果個人的所得也隨之增加，通貨膨脹所造成的損害相對較低。例如，商人因為商品變貴，營業收入增加，發生通貨膨脹對他反而有利，但是這樣的好處不會持久，因為，如果生產成本提高，或是消費者的購買力下降，企業的營收、獲利也會受到影響。

　　在完成上述各類的「經濟分析」之後，評價人員即可驗證受評企業對未來整體營運發展的財務預測或是受評企業對總體經濟的看法是否與評價人員經濟分析的結果相符合或相類似？例如，如果評價人員對未來的景氣看壞，而受評企業對未來的財務預測、營運方向卻相當樂觀，則評價人員勢必要深入探究該企業所提供的資料是否同時具備正確性、合理性與可解釋性，而不是對受評企業所提供的財務預測資料不假思索的照單全收，如此才能避免誤判價值結論的情況發生。

案例研習 15

✦ 小梁為某大學企管系學生，正在學習無形資產評價，某日
　與同學分組討論問題時，大家對於經濟分析項目的選擇以
　及如何將經濟分析資訊轉化成評價相關數據產生爭執，於
　是就此問題請教林老師，如果您是林老師該如何回答。

三、經濟分析資訊的主要來源

　　因為經濟分析所關注的項目相當多元化，而且又是連續性、持
久性的工作，所以經濟分析是一項非常專業的工作。但是評價人員
的職責是在整合資料而不需要對經濟活動親自進行觀察、分析，因
此評價人員只要善用經濟研究專業機構的研究結果，即可有效的掌
握總體經濟的現況與未來發展的趨勢。

　　目前台灣最重要的經濟分析資料蒐集與整理機構為行政院主計
處，除此之外，中華民國統計資訊網、國家發展委員會、經濟部國
際貿易局經貿資訊網、台灣經濟研究院全球資訊網，都是蒐集相關
分析資料的重要來源。

四、如何將經濟分析資訊轉化成評價的參數

　　經濟分析涉及的範圍相當廣大，所以評價人員在進行經濟分析之前，如果不能事先掌握分析的方向，很可能就會犯下超出範圍或是過度分析的錯誤，而影響到評價工作的進度。

　　接下來，評價人員應該如何將得來不易的經濟分析資訊，轉化成評價的參數呢？坦白說，坊間並沒有標準作業程序可以參考，但是我們可以依據所承接評價案件需求的情形，找出幾個供參考的關鍵方向：

（一）產品或服務所處的市場規模。

（二）市場占有率。

（三）成本變動。

（四）營業費用變動。

（五）研究發展費用變動。

（六）股票市場價值變動。

　　依據上述幾個關鍵方向，與我們所做的經濟分析基本項目資訊中：「國民所得」、「進出口貿易」、「政府經濟政策」、「利率」、「匯率」、「通貨膨脹率」產生的相對影響方向加以彙集之後，就可以幫助我們將質化的經濟分析資訊轉化成量化的評價參考數據了。

八

產業與市場分析

案例研習 16

✦ 某大型評價機構經常對外標榜他們的評價團隊來自各行各業，是否一定要涉獵過多種產業，才能承接各種不同領域的評價工作呢？產業及市場分析資訊，是否要花錢才能取得呢？

✦ 陳、林兩位都是經過認證的評價分析師，陳分析師執行產業及市場分析工作習慣尋求專家或市場調查公司的協助，而林分析師則事必躬親不假他人之手，您是否有不同的看法呢？

一、產業分析的功能

所謂「產業分析」係指為了瞭解一個產業的特性所進行的分析，對評價人員來說，進行產業分析的主要目的，在於可以用更客觀的角度來評估受評企業的價值。

由於，影響企業價值最重要的因素是企業未來的成長率與投入資金的獲利能力，因此，評價人員必須進一步透過產業分析，判斷並解決幾個問題，例如：

（一）受評企業所屬的產業，是否具有超額利潤的空間？

（二）如果有超額利潤的空間，那麼這樣的優勢可以持續多久？

（三）受評企業在該產業中的利基點是什麼？

（四）受評企業所處產業的市場規模有多大？

（五）受評企業在所處的產業中的市場占有率有多大？

（六）受評企業是否做過市場區隔分析？

（七）受評企業是否做過消費者心理分析？

　　考量以上的問題後，評價人員更能體會到想要正確的評估一個企業或無形資產的價值，不能僅看該企業近幾年的經營績效及獲利能力，也必須探討該企業所屬產業的活力、前景及是否有其他競爭者的威脅等因素。

二、產業分析的方法

　　依據評價相關準則規定，產業分析在評價上的運用，大致可整體爲下列五大項目：

（一）分析及瞭解受評企業。

（二）辨認及分析受評企業未來的機會與威脅。

（三）評估及判斷財務預測的假設是否合理。

（四）根據產業分析選擇適當的可類比標的（可類比交易法、可類比上市上櫃公司法）。

（五）根據受評企業與可類比企業產業的比較分析，並辨認及分析受評企業與可類比企業之間的差異，據以調整所採用的價值乘數。

　　由於產業分析在評價上扮演吃重的地位，因此，產業分析相關的理論與模式，也非常的多樣化，目前評價實務上針對產業分析常

用的架構或模型如下：

（一）波特之五力競爭模型[1]（Poter's Five Competitive Forces Model）。

（二）優勢─劣勢─機會─威脅分析[2]架構（SWOT Analysis Framework）。

（三）結構─行為─績效模型（Structure-Conduct-Performance (S-C-P) Model）。

（四）市占率與成長性矩陣分析模型（Market-Share-Growth Potential Matrix Analysis Model）。

三、產業分析資訊的來源　

　　產業分析相關資訊的蒐集與分析，通常可以從以下兩大方向著手：

（一）**相關產業研究報告**：在完成辨認受評企業所屬的產業後，評價人員應該盡可能蒐集相關權威機構對所屬產業的研究報告，有些研究報告甚至必須付費才能取得，在經費許可的前提之下，若有助於掌握受評企業的成長率、獲利率、市場占

---

1. 是 Michael Porter 於 80 年代初提出，對企業戰略制定產生全球性的深遠影響。用於競爭戰略的分析，可以有效的分析客戶的競爭環境。五力分別是：供應商的議價能力、購買者的議價能力、潛在競爭者進入的能力、替代品的替代能力、行業內競爭者現在的競爭能力。五種力量的不同組合變化最終影響行業利潤潛力變化。
2. 又稱優劣分析法或道斯矩陣，是一種企業競爭態勢分析方法，是市場行銷的基礎分析方法之一，透過評價自身的優勢（Strengths）、劣勢（Weaknesses）、外部競爭上的機會（Opportunities）和威脅（Threats），用以進行全面的分析競爭優勢。

有率等重要參數，應該是十分值得的。

（二）**相關產業統計資料**：在評價過程必須使用大量的產業研究、產業統計、資本市場、股價、交易量、公司財務資料、公司經營績效等資料，評價人員必須瞭解相關資料的來源，才能有效的蒐集到上述相關資料。一般而言，Bloomberg[3]、Reuters[4]、Google Finance、Yahoo Finance、台灣證券交易所、台灣櫃檯買賣中心（OTC）、公開資訊觀測站[5]、中華經濟研究網、台灣經濟研究網、新浪網財經網、國內各大證券公司以及各大銀行，都是蒐集上述相關資料的重要來源。

運用產業研究報告，並針對受評企業在所屬產業中的地位、產業結構、競爭力及受評企業與競爭者的比較，以及對所屬產業未來的展望及成長空間等關鍵因素有了整體及深入的分析之後，評價人員應該可以清楚辨認受評企業未來的機會與威脅。

---

3. 總部位於美國紐約的跨國有限合夥企業，是麥可‧布隆伯格於 1981 年創立，提供新聞、全球商業和金融數據的跨國集團。

4. 路透通訊社，簡稱路透社，總部位於英國倫敦，是世界前三大的多媒體新聞通訊社，提供各類新聞和金融數據，在 128 個國家運行。路透社提供新聞報導給報刊、電視台等各式媒體，並向來以迅速、準確享譽國際。路透社的服務分為四個部分：買賣與交易、研究與資產管理、企業和媒體，其中超過 90% 的收入來自金融服務業務：對股票、外幣匯率以及債券等資訊的分析、處理、發送，以及相關產品的開發。

5. 世界各國大多有資訊公開的管道，以美國為例，稱為電子資訊蒐集分析與檢索系統（Electronic Data-Gathering, Analysis, and Retrieval system, EDGAR），而台灣則稱之為公開資訊觀測站（Market Observation Post System, MOPS），係經行政院金融監督管理委員會證券期貨局指導，由台灣證券交易所股份有限公司、財團法人中華民國證券櫃檯買賣中心等相關單位共同合作，於 2002 年建立，使投資人可藉由網際網路查詢上市公司、上櫃公司、興櫃公司及公開發行公司之公開資訊。

四、市場分析的功能

　　評價人員必須特別重視的是受評企業的產品或服務在市場上的成長空間與競爭力。如果所處產業的市場已經趨於飽和且競爭者太多，則該企業能夠爭取的空間是來自於取代競爭者原本的市場，這樣的市場是有限的且利潤空間不會太大；反之，如果市場仍處於高速成長且競爭者很少，則我們預估受評企業的產品仍有成長的空間，且可以有較高的超額利潤。

　　評價人員如何判斷受評企業的產品或服務，在市場上是否能夠爭取到超額利潤的空間？

（一）產品或服務的功能或品質超越市場上競爭者，而且能明顯的提供使用者或購買者較高的效益，因此使用者或購買者願意支付較高的價格，該企業當然有超額利潤。

（二）產品或服務的功能或品質並不顯著，但是卻可以為某些特定的使用者或購買者降低成本，因而該企業當然也會有超額利潤。

（三）產品或服務的功能或品質無特別之處，但是該企業卻可以用市場上相對較低的生產成本或是相對較高的生產效率生產該產品或提供該服務，因而該企業當然也會有超額利潤。

五、市場分析的方法

　　因為市場分析方法相當多元化，基本上可以分為質化與量化兩大類，但是評價人員必須審慎評估各自的優缺點，或是結合質化與量化二者的優點，才能穩紮穩打。

（一）**產品組合分析**：由於消費者或客戶越來越多元化，企業不能再將潛在的客戶視爲是同質性的一群人，反而必須分析潛在的客戶，將他們分成同質性的一小群組，再針對各群組的特性、偏好推出不同的產品組合。評價人員要檢視受評企業是否有明確的產品組合，並判斷此產品組合成長的空間及較高的利潤。

（二）**訪談**：爲了更加瞭解受評企業客戶的心態、看法，評價人員可以透過市場調查或是直接、間接與受評企業的客戶交流，進而掌握該企業的產品是否具有競爭力。當評價人員對該企業產品的市場有疑慮時，也可以採取上述的方式來幫助自己判斷該企業的市場未來是否仍有成長的空間。但是當受評企業的銷售規模太大且市場分析的重要性會嚴重影響到企業價值判斷時，評價人員可以考慮將這類的工作，委由專業的市場調查公司來進行。

（三）**員工調查**：員工是企業、市場及客戶之間的橋樑，也是企業是否具備競爭力的核心資產，因此對受評企業的員工進行調查，可以協助評價人員從另一個角度看清企業內部的運作及企業如何與外部市場溝通，並可從中發現企業潛在的資源與弱點。我們必須提醒評價人員的是，在進行員工調查之前，必須先獲得受評企業的同意。

（四）**產品測試**：當評價人員爲了要印證受評企業所提供的營運計畫（如成長率、獲利率等）是否屬實或是在市場上從未發現類似受評企業推出的產品時，評價人員可以實際測試消費者或客戶對該企業產品的反應或接受度。當然這類的測試耗資不小，不過如果有助於掌握受評企業的成長率、獲利率、市

場占有率等重要的參數，而且在經費許可的前提之下，評價人員可以考慮將這類的工作，委由專業的市場調查公司來進行。

（五）**銷售增長率法**：由於產品的生命週期與產品銷售量的增長率（SGR）關係密切，因此，對銷售量增長率的變動進行分析，就能判斷該企業的產品位在生命週期的哪個階段。銷售增長率的公式如下：

$$銷售增長率（SGR）= 銷售量的變動量（\Delta y）/$$
$$時間變動的期間數（\Delta t）$$

銷售增長率一般標準如下：

SGR < 10%，產品位在投入階段；

SGR > 10%，產品位在成長階段；

0.1% < SGR<10%，產品位在成熟階段；

SGR < 0%，產品位在衰退階段，即銷售量逐年下降。

（六）**市場區隔**：市場區隔主要的功能是找出市場中尚未被滿足的客戶需求，如果能發現這些客戶的需求，且目前市場上欠缺能夠滿足他們需求的產品，並針對他們的需求研發設計出適合的產品或服務，以爭取優於市場競爭者更好的銷售量與獲利空間。

六、市場分析資訊的來源

在台灣，相關市場分析資料的提供主要是由與政府有關的財團法人爲主，例如包括資訊策進委員會資訊市場情報中心（MIC），

該單位主要提供有關資訊產業的技術、產品、市場與趨勢的研究。並透過 IIP（Industry Intelligence Program）、IT Data Bank 與產業研究報告精選等管道，提供資訊電子產業與市場資料給會員，這些資料對資訊電子產業廠商攸關的利潤、競爭與成長等關鍵因素，有相當大的幫助。

　　另外，市場調查研究機構，也是近年來快速發展的資訊服務行業，不過，他們是以收費的方式提供研究報告給客戶的。例如資策會資料資訊服務中心、中華徵信、台灣經貿網等，我們在此僅提供一些較具知名度的市場調查機構供讀者參考。

PART 3
評價方法

武功祕笈

▶ 選用資產評價法，是否只要從資產負債表著手就可以了呢？

▶ 執行評價工作，是否可以只選用一種評價方法呢？

▶ 選用對照企業，必須注意哪些事項呢？

▶ 選用可類比交易，必須注意哪些事項呢？

▶ 收益不就是公司的獲利或營業收入嗎？

▶ 使用折現率與資本化率，必須注意哪些事項呢？

▶ 企業或無形資產，哪一種受評價對象比較適合選用收益評價方法呢？

▶ 受評價對象的獲利狀況如果一直不穩定，是否要放棄選用收益評價方法呢？

▶ 不是已經做財務報表常規化調整了，為什麼還要折、溢價調整呢？

九

從資產視角導出之評價法

案例研習 17

✦ 某評價機構中評價人員小曾執行任何型態的評價價值評估工作，都會逐一考量所有的評價方法，並考量其他影響評價的因素之後，再審慎的評估，選用一種或多種適當合理的評價方法；而評價人員小謝則認為應該先以成本效益考量，再依據執行案件時間的長短做彈性調整，也就是說，如果時間緊迫的話，就從中選擇最適合受評價個案的評價方法即可。曾謝二人擔心影響評價結果，於是請教機構的認證評價分析師老陳，如果您是陳評價分析師該如何提出建議。

一、資產途徑與帳面價值

在完成財務報表分析、財務報表常規化調整、經濟分析及產業及市場分析之後，接下來，評價人員必須依據評價目的考量並決定採用適當的「評價方法」執行評價工作。目前評價實務界所使用的評價方法其種類或名稱非常多，每一種類或類型又各有其應用方法。這些評價方法的種類或類型，代表評估企業或無形資產的思考方向，一般稱之為評價途徑（Approach）：

（一）資產（評價）途徑

英文稱為 Asset-Based Approach，以資產途徑評估企業的價值時（評估無形資產的價值時則稱為成本途徑或成本評價途徑），是以企業所擁有的有形與無形財產總價值減去負債，當作評估價值的基礎。以資產途徑來評估企業的價值時，重視的是企業過去的價值，即該企業自創立以來，所累積的有形與無形財產總價值。而採用資產評價途徑的重要關鍵，就是要合理的反映受評企業所擁有的財產總價值現在的市場價值作為評價依據。

（二）市場（評價）途徑

英文稱為 Market-Based Approach，以市場途徑來評估企業的價值時，重視的是企業現在的價值，即以該企業目前的市場行情為依據。也就是說，該企業價值的高低，不再是其所擁有的財產，而是隨著景氣的波動及市場的狀況來決定。

（三）收益（評價）途徑

英文稱為 Revenue-Based Approach，以收益途徑來評估企業的價值時，重視的是企業未來能夠創造出的價值，即以該企業未來的營業收入及獲利能力為依據，也就像財務專家常說的「現值」觀念。該企業價值的高低，同樣也不是其所擁有的財產有多少，而是在於其未來的營業收入及獲利能力。企業未來的營業收入及獲利能力越好，且其獲利的期間越穩定越長久，該企業的價值就越高。

依據《評價準則公報》第十一號「企業之評價」第 20 條的定義，「評價人員以資產法評價企業時，應以受評企業之資產負債表為基礎，逐項評估受評企業之所有有形、無形資產及其應承擔負債之價值，並考量表外資產及表外負債，以決定受評企業之價值。」

因此，有些讀者常會誤以為採用資產途徑評估企業的價值時，就是以該企業資產負債表的帳面價值，即該企業資產負債表上所累積的總財產價值為依據，其實不然。讓我們來回顧一下會計學的「基本會計恆等式」：資產等於負債加上股東權益，而以資產途徑評估企業的價值時，企業的價值是企業所擁有的財產總和，也就是說，評估企業價值正確的恆等式應該是：企業資產價值等於企業負債價值加上股東權益價值。

因為評估企業價值的恆等式中之企業資產價值、企業負債價值及股東權益價值的數字，不是依據所謂的一般公認會計原則（GAAP），而是以評價案件的價值標準為衡量基準，評價人員一旦選擇了其中一種價值標準，就必須前後一致的將企業資產、企業負債及股東權益予以表達出來。

二、資產評價途徑的方法——企業價值評估

我們在上一節中提到，以「資產途徑」評估企業價值正確的恆等式是：企業資產價值等於企業負債價值加上股東權益價值。也就是說，應該將原本以歷史成本記錄的資產、負債及股東權益，轉換成所選定的價值標準來表達。而且，因為「資產途徑」重視的是企業過去的價值而忽略了其未來的營業收入及獲利能力，所以評估出來的企業價值是比較保守的估計值。因此，對於那些沒有太多的資產，但是未來卻有無限成長潛力的新興行業來說，可能會低估了該類型企業的價值。雖然如此，因為「資產途徑」可以評估企業的基本價值，適合評估一家經營不善或即將清算、解散的企業的價值。

依據《評價準則公報》第十一號「企業之評價」第 21 條的定義，「在繼續經營假設下，除因評價標的特性而慣用資產法進行評估外，評價人員不得以資產法為唯一之評價方法。若繼續經營假設不適當，評價人員通常以資產法評估企業價值。」前述之「資產法」只是名稱的差異，其實就是我們所講的「資產途徑」。

另外，如果所評估的企業並不是公開發行公司，也就是說，它的股權買賣並不具有太好的市場流通性，則可能需要進一步執行折價調整。

依據《評價準則公報》第十一號「企業之評價」第 13 條的定義，「評價人員執行企業評價時，應採用兩種以上之評價方法。如僅採用單一之評價方法，應有充分理由，並於評價報告中敘明。」

接下來，我們要繼續介紹的是以「資產評價途徑」評估企業價值的方法：

（一）個別調整資產評價法（Adjusted Net Asset Method）

針對個別資產與負債進行價值調整，即將資產負債表上各個項目的金額，從帳面價值改成以現在的市場價值為準的金額。其中 Net Asset 的意思就是企業資產的總金額減掉企業負債的總金額。

其實個別調整資產評價法的觀念非常簡單，就是針對受評企業所擁有的資產與負債逐一進行分析及調整，其分析及調整項目大致包括：

1. 流動資產：現金、有價證券、應收帳款、預付費用等。
2. 非流動資產：土地、廠房、建築物、存貨、機器設備、辦公傢俱、運輸設備等。
3. 無形不動產：租賃合約、採礦權、鑽探權等。

4. **無形個人資產**：商標權、專利權、著作權、營業秘密、商譽等。

5. **流動負債**：應付帳款、應付薪資、應付費用、預收收入等。

6. **非流動負債**：長期借款、長期公司債等。

7. **或有事項**：沒有記載但存在的產品保固或維修服務義務、沒有記載但存在的員工退休金或員工福利計畫。

8. **或有負債**：尚未結案的訴訟案件、訴訟中的罰款或稅款等。

　　評價業界有些專家會以資產的重置成本或重製成本當作該項資產現在的市場價值，而有些專家會以資產的淨變現價值，即該項資產實際處分的價值當作市場價值，但是這兩者之間的差距非常大，所以最後還是要以評價的目的來做決定。另一方面，如同我們在第一章所提過的，在許多情況下，要進行「企業評價」常常必須倚賴「資產鑑價師」的協助。例如，要對一家經營不善的企業進行評價，如單純以獲利能力的觀點切入，所評估出來的價值可能會遠低於企業資產的帳面價值，這個時候就需要借助資產鑑價師或工程顧問，特別針對該企業各式各樣的資產（原物料、存貨、機器設備、廠房、土地等）進行鑑價，以作為企業整體評價的參考，而不是單從獲利能力的角度進行評價。

　　個別調整資產評價法的優點是可以評估企業的基本價值，適合評估經營不善或即將清算解散的企業價值、非營業性質企業，例如投資控股公司。

　　但是，因為這個方法重視的是企業過去的價值而忽略了其未來的營業收入及獲利能力，所以評估出來的企業價值是比較保守的估計值。因此，採用這個方法的缺點就是可能會低估了企業的價值、耗費時間與人力金錢。

（二）整體調整資產評價法

　　針對整體企業的資產與負債進行價值調整，而非個別的資產與負債。採用這個方法的優點就是，不需要對資產與負債各個項目的金額做分析及調整，相對節省不少時間、人力與金錢。

　　整體調整資產評價法就是藉由「超額盈餘」的觀念來反映所有應行調整的資產項目，這個方法的基本方向是將整體企業的價值分為「有形資產」的價值與「無形資產」的價值。

　　「有形資產」的價值部分即直接以資產負債表上的數字為準，不再進行個別資產項目調整；而「無形資產」的價值部分，同樣也不再進行個別無形資產項目的調整，而是將整體企業的「超額盈餘」加以資本化後估算而來。

　　如果我們要進行「股東權益」評價，就是先將「有形資產」的價值加上「無形資產」的價值之後，再扣除所有負債後估算而來。

三、成本評價途徑的方法──無形資產價值評估　

　　依據《評價準則公報》第七號「無形資產之評價」第 27 條的定義，「成本法主要用於評價不具可辨認利益流量之無形資產。該等無形資產通常係由企業內部產生並用於企業內部，例如管理資訊系統、企業網站及人力團隊。若無形資產之評價得採用市場法或收益法時，不得以成本法為唯一之評價方法。」前述之「成本法」只是名稱的差異，其實就是我們所講的「成本途徑」。

　　「成本途徑」是根據經濟學的替代理論而來的，也就是說一個理性的消費者，對於某一項有形或無形資產所願意付出的代價，

不會超過他所能夠找得到的替代品的價格。因此，「成本途徑」的評價工作就是在評估要付出多少的代價，才可以重新取得或重新製作一個可供替代的有形或無形資產。雖然說這樣的觀念不難瞭解，聽起來似乎也很有說服力，但是，就如同以「資產途徑」評估企業的價值一樣，只能當作一個底價或基本的參考價值，僅適合評估一家經營不善或即將清算、解散的企業價值。同樣地，如果某一項技術、專利、獨家配方或商業機密，也許並沒有耗費太多的成本就開發完成，但是卻擁有無限的商機及經濟利益，如果我們以「成本途徑」來評估該無形資產，它的價值勢必會被嚴重的低估了。

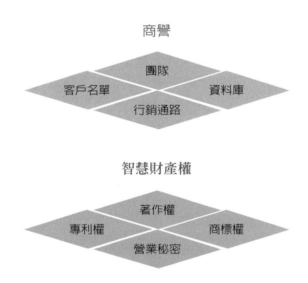

「成本評價途徑」評估無形資產價值的方法分為：

（一）**重置成本法**：評估重新取得與標的無形資產效用相近之無形資產的成本。

（二）**重製成本法**：評估重新製作與標的無形資產完全相同之無形

資產的成本。

參照《評價準則公報》第七號「無形資產之評價」第 70 條的定義，「評價人員應依據可得之資訊將所有必要合理之現時成本納入重置成本或重製成本之計算」。另外，在第 71 條規定中也提到，評價人員採用成本法評價無形資產時應考量下列因素：

（一）建置能提供與標的無形資產完全相同或效用相近之資產所發生之直接及間接成本，包括人工、原料及製造費用。

（二）標的無形資產之陳舊過時情況。縱使標的無形資產並無功能性或物理性之陳舊過時，其仍可能有經濟性之陳舊過時。

（三）成本中是否已納入適當之利潤加成。自第三方取得資產之價金，可假設已反映與產生該資產有關之成本及其投資之必要報酬。以來自第三方之估計為基礎所發展之成本，通常假設已反映利潤加成。

（四）是否反映因未擁有標的無形資產而在購買或製作標的無形資產期間之機會成本。

如上所述，對第 71 條之重置成本或重製成本進行必要之調整，包括各項陳舊過時因素。因為，不論是重新取得一個與標的無形資產效用相近或是重新製作一個與標的無形資產完全相同的資產，可能因為物理性質、剩餘經濟效益年限或殘值、功能瑕疵、技術落後或是外觀差異等種種因素，導致不可能與標的無形資產完全一模一樣，所以必須依據準備要重新取得或是重新製作的無形資產之特性項目，逐一作評比分析，並辨認其中的差異以作為調整的依據。

關於剩餘經濟效益年限的規定，依據《評價準則公報》第七號「無形資產之評價」第 43 條的定義，評價人員評估無形資產之剩餘經濟效益年限時，應至少考量下列因素：

（一）合約。

（二）法令。

（三）技術或功能。

（四）無形資產本身之生命週期。

（五）使用無形資產之產品之生命週期。

（六）經濟因素。

　　另一方面，《評價準則公報》第七號「無形資產之評價」在第 72 條的定義中也提到，評價人員採用成本法評價無形資產時，應於工作底稿記錄下列項目：

（一）選用重置成本法或重製成本法之理由。

（二）對重置成本或重製成本所作調整之項目、幅度及理由。

（三）若重置成本及重製成本兩者皆被衡量時，如何擇定作為價值
　　　結論及其理由。

從市場視角導出之評價法

案例研習 18

✦ 某日評價分析師 Jander 受託評估一家未公開發行指紋辨識科技公司的價值，他所選用的對照企業是 AB 兩家類似產業且公司規模、員工人數及營業收入都相當類似的上櫃公司近兩年來的股票市價，您認為評價分析師 Jander 所準備的對照企業是否已經足夠了呢？

一、市場途徑評價的主要類型

接下來，我們要延續第九章的話題，以「市場評價途徑」來評估企業暨無形資產的價值。執行市場評價工作是否能夠順利的最重要關鍵，在於能否蒐集到可供評價參考依據之足夠且適當的「市場交易（成交）資料」。

「市場評價途徑」是評價業者很常使用而且是相當實用的方法，所需要的資料分別是：與受評的企業屬於相同產業，而且規模大小、資本結構、產品線各個層面都相同或類似的企業的財務及股價資料；或是與受評無形資產相同或相似資產之成交價格、該等價格所隱含之價值乘數及相關交易資訊，以決定標的資產之價值。

所謂的「市場」，以企業評價來說就是企業股權交易或股票交易的市場，也就是股票市場。而依據股權交易或股票交易特性的差異，可以分為下列三種類型：

（一）上市或上櫃公司股票交易資料

在台灣的公開市場（證券交易市場及櫃檯買賣中心）的股權交易，通常每個交易日都有數量龐大的股票在公開市場上進行買賣交易，因此企業股票的價格資料隨時都不斷的在更新，也就是說，公開市場上的交易資料是具有高度的市場流通性的，因爲交易資料是最完整、最即時的，也是最公開透明的。但是，我們要特別提醒讀者的是，這些交易資料卻是不具有控制權的，這究竟是爲什麼呢？

因爲，在公開市場上交易的股票數量雖然看似龐大，但是，它的成交數量卻僅僅占企業總發行股票數量的一小部分而已。舉例來說，根據「公開資訊觀測站」最新的資訊顯示，台積電已發行普通股股數爲 25,930,380,458 股，即台積電已發行普通股票總張數爲：

$$已發行普通股票總張數 = 25,930,380,458 股 / 1,000 股$$
$$= 25,930,380 張$$

我們常會聽到電視媒體或是股票分析師談到，「今天的台北股票市場交易十分熱絡，大型權值股台積電的成交量又爆大量來到了 10 萬張」。我們可以簡單的試算一下台積電的成交量爆出 10 萬張的大量，究竟占該公司已發行普通股票總張數有多少的比率？

$$100,000 張 / 25,930,380 張 = 0.386\%$$

0.386% 僅僅占該公司已發行普通股票總張數的一小部分而已，也就是說，這類型的股票市場成交數量只能算是該公司的少數股權交易，是不具有控制權的。

（二）企業購併交易資料

根據企業購併市場上的公開買賣交易價格資料，作爲評價的參

考依據。這種類型的股票買賣或交易，通常是某企業為了取得另一家企業的控制權，而透過投資銀行或專業機構的仲介所採行的大型股權交易，大都是直接與交易方特定之相關人士接洽，所以這種類型的股票買賣、交易價格或其他細部資料，交易雙方並沒有對外界公開的義務，除非其中一方或是交易雙方都是上市或上櫃公司，否則即使交易順利完成，最後的交易價格幾乎不會對外公布。

依據《評價準則公報》第十一號「企業之評價」第 4 條的定義，「評價人員執行企業評價時，應確認評價標的之性質與範圍，惟執行企業權益評價時，應額外確認受評權益對該企業之控制程度（通常應考量權益之集中或分散程度、權益所有權人間之關係及其他實質影響企業決策之能力）。」

案例研習 19

✦ 老謝是評價業界執業多年的評價分析師，某日應邀出席一場無形資產評價相關的研討會，並提出評價工作或多或少必須仰賴從事評價工作所累積的經驗，如果您是評價分析師，是否也認同老謝的看法呢？

（三）評價人員主觀經驗交易資料

以評價人員個人從事評價工作累積的交易資料為依據。評價業者通常稱之為經驗法則，可以當作一種引伸而來的市場途徑評價方法。依據評價人員過去經驗，將價格與受評企業之間某一個指標的

關係找到之後，作為以後評估類似企業價值的參考依據。例如有些人專門從事便利商店的買賣仲介，從過去多件類似的交易案件經驗中發覺，便利商店的價值與每年的營業利潤有某種關係：例如「價格＝每年營業利潤的 2 倍」，日後在進行評估同類型商店買賣案件，就憑藉在這個領域所累積的經驗，作為標的企業評定的一個合理價格。但是這類的資料不易取得，一般都是評價人員自己的私人資訊，很少會向外界透露，這種評價人員的主觀經驗便是一種所謂的商業機密。

　　另一方面，以無形資產評價來說，市場評價途徑就是評估並分析標的無形資產與可類比無形資產的相似程度。

　　依據《評價準則公報》第七號「無形資產之評價」第 25 條規定：「評價人員採用市場法評價無形資產時，應特別注意標的無形資產與可類比資產之相似程度，詳細分析可類比項目及可類比程度，並就可類比性不足之部分進行必要之調整。」前述之「市場法」只是名稱的差異，其實就是我們所分別提到的「市場途徑」。

二、市場評價途徑的方法——企業價值評估

　　採用「市場評價途徑」來評估企業的價值，通常比較適合那些規模適中、產品多元化或是多角化經營的企業，因為，這種類型的企業比較容易在市場上找到從事相同或類似業務的企業作為可類比企業。反之，規模很小、產品線很特殊的企業，相對來說就很難找得到從事相同或類似業務的企業以資比較了。

　　依據《評價準則公報》第十一號「企業之評價」第 19 條的定義：

「市場法下常用之評價特定方法，包括可類比公司法及可類比交易法。」前述之「市場法」及「評價特定方法」同樣只是名稱的差異，其實就是我們所分別提到的「市場途徑」及「評價方法」。

（一）可類比公司法：係指參考從事相同或相似業務之企業，其股票於活絡市場交易之成交價格，該等價格所隱含之價值乘數及相關交易資訊，以決定受評企業之價值。

（二）可類比交易法：係參考相同或相似企業業務或企業權益之成交價格，該等價格所隱含之價值乘數及相關交易資訊，以決定受評企業之價值。

案例研習 20

✦ 請判斷下列何者是採用市場評價途徑選擇對照企業的正確方法？

1. 先選擇是否與受評企業從事相同或類似業務的企業，是否上市或上櫃並不重要。

2. 先排除未上市或上櫃公司，再來考慮是否與受評企業從事相同或類似業務的企業。

3. 對照企業的家數越多越好。

4. 對照企業曾經交易的時間點是否相近。

三、選擇對照企業的考量因素

　　以「市場評價途徑」來評估企業暨無形資產的價值最大的優點就是，我們可以在公開市場上找到股票投資人所共同完成的股票交易資料，這些投資人基本上都是相當的理性，為了追求自己的利益且交易是不受任何的壓迫下所完成，他們在健全的市場機制運作下，會盡可能蒐集並分析各種與企業營運獲利有關的最即時、最具有影響力的相關資訊。因此，我們可以大膽的假設，在公開市場上成千上萬家掛牌上市上櫃企業的股票交易資料，是非常具有公信力及正確性的，也是非常適合當作評估類似企業價值的參考依據的對照企業。

　　我們在上一節中提到，市場評價能否順利進行的最重要關鍵在於能否蒐集到可供評價參考依據之足夠且適當的對照企業。所謂對照企業，必須與受評企業從事相同或類似業務的企業，它的價格才能當作評估受評企業價值的參考依據。接下來，我們就一起來探討，應該如何選擇對照企業作為評估類似企業價值的參考依據：

（一）選擇對照企業的家數

　　我們常會聽到許多學生或是評價人員問到，「到底要選擇幾家對照企業才算足夠且適當呢？」其實這個問題常會被問到，但是卻沒有標準的答案，只能提供下列幾個參考意見：

1. 與受評企業相同或類似的程度：如果對照企業與受評企業相同或類似的程度越高，所要選擇的對照企業數量就可以越少。

2. 對照企業交易的情況：如果對照企業的買賣交易情況非常活絡，表示該企業的股票具有高度的市場流通性的，它的股票價格資訊也一直在更新，可供參考的可信度越高，所要選擇的對照企業數

量就可以越少。

3. 對照企業交易資訊的分布情況：如果對照企業營運相關資訊的分布範圍非常廣泛，表示該企業與受評企業相同或類似的程度越低，因此評價人員需要多蒐集幾家對照企業，以降低誤差程度。

（二）選擇對照企業的來源

　　我們建議盡可能先選擇上市或上櫃公司，因為上市或上櫃公司的交易資料具有高度的市場流通性，且交易資料是最完整、最即時的，也是最公開透明、可信度最高的。我們在此介紹下列幾個管道供讀者參考：

1. 臺灣證券交易所網站：臺灣證券交易所會透過「公開資訊觀測站」提供即時、最新的所有上市公司的基本資料、資產負債表、損益表、季報、年報、股東會議事紀錄、歷年來重大訊息、董監事持股明細資料、取得或處分資產資料、背書保證及資金貸與他人等財務報表相關資料。該網站不僅資料可信度高，內容也相當豐富，讀者可以多加利用。

2. 證券櫃檯買賣中心網站：證券櫃檯買賣中心網站同樣也是透過「公開資訊觀測站」提供一般上櫃公司的基本資料及財務報表等相關資料。

3. 各上市上櫃公司網站：在台灣，一般上市或上櫃公司都設有投資人網頁，該網頁即可連結至該公司的財務報表等相關資料。

4. 各專業財經資料庫：一般上市或上櫃公司的財務報表相關資料，除了可透過「公開資訊觀測站」取得之外，如果評價人員需要大量或是多家企業的財務報表相關資料，進行比較分析的話，「公開資訊觀測站」上的財務資料在處理上可能需要耗費較多的時間

進行資料整理。如果經費許可的話，建議可以付費透過專業財經機構取得整理分析過的財務資料。

（三）選擇對照企業的期間

　　一般執行「市場評價」我們建議選擇對照企業的期間大致是三到五年，但是這並不是強硬的規定。因為可能某些對照的上市或上櫃公司，成立的時間才不過兩、三年，如此一來，我們僅能就現有的資料進行整理分析。或是某些對照企業有明顯的營業季節性差異或是產業景氣循環週期，那麼選擇對照企業的期間就要改為一個營業週期。

　　雖然我們常會用到的財務資料大都是最近一、兩年或最近一、兩個會計年度的資料，但是我們依然建議選擇對照企業的期間為最近年度加上過去三到五年的財務資料，以便進行受評企業與對照企業之間的財務資料比較及趨勢分析。另外，受評企業與對照企業財務資料比較的期間最好也能夠一致。

　　確定對照企業的家數及對照企業的樣本期間之後，我們就要著手對選定的對照企業進行適當的財務資料分析比較。財務資料分析比較的方式，我們可以參考第五章「企業財務報表分析」的內容，目的在於進一步暸解受評企業與對照企業之間營運狀況相同或類似的程度，以決定受評企業的最終價值。

（四）決定對照企業的價值乘數

　　依據《評價準則公報》第十一號「企業之評價」第 28 條的規定，評價人員在選擇、計算與調整價值乘數時，應考量下列事項：
1. 選用能合理估計受評企業價值之價值乘數。
2. 用於比較之價值乘數應採用一致之基礎及計算方法。

3. 評估可類比企業或可類比交易資訊之適當性及可靠性。

4. 辨認影響受評企業價值之因素，並與擬參考之可類比企業或可類比交易進行逐項評比分析，必要時依據企業之特性調整所參考之價值乘數或交易價格，以合理反映受評企業之價值。

表 10-1　市場評價途徑之價值乘數（一）

上市或上櫃公司股票交易資料	說明	英文說明
營收相關	股票市值／銷售額（營業收入）	P/S
資產相關	股票市值／帳面價值	P/B
獲利相關	股票市值／股利	P/E
	股票市值／息前稅前收益	P/EBIT
	股票市值／息前稅前折舊攤銷前收益	P/EBITDA
現金流量相關	股票市值／淨現金流量	P/NCF

表 10-2　市場評價途徑之價值乘數（二）

上市或上櫃公司股票交易資料	說明	英文說明
營收相關	投入資本的市場價值／銷售額（營業收入）	IC/S
資產相關	投入資本的市場價值／帳面價值	IC/B
獲利相關	投入資本的市場價值／息前稅前收益	IC/EBIT
	投入資本的市場價值／息前稅前折舊攤銷前收益	IC/EBITDA
現金流量相關	投入資本的市場價值／淨現金流量	IC/NCF

關於上述「價值乘數」的概念，我們可以下面的式子解釋：

價值乘數＝企業價值變數／企業特性變數

　　企業價值變數就是，能夠反映市場上對於對照企業價值的評價或估計價值，評價業界慣用的企業價值變數為平均股價（平均股票市值）及平均投入資本的市場價值；而企業特性變數則是，能夠反映對照企業價值的特性或特質，評價業界慣用的企業特性變數為，銷售額（營業收入）、帳面價值、股利、息前稅前收益、息前稅前折舊攤銷前收益及淨現金流量等。

　　當評價人員選擇的分子，也就是企業價值變數是平均股價（平均股票市值）時，對應的分母，也就是企業特性變數可以參照表10-1的幾種選擇；另外，當評價人員所選擇的分子，也就是企業價值變數是投入資本的市場價值時，對應的分母，也就是企業特性變數就應該要參照表10-2的選項了。

　　表10-1中的分子「股票市值」，就是該對照企業的平均股價，所選用的期間長短，全由評價人員憑藉專業的判斷力來決定對照企業的合理股價。

　　表10-2中所謂的「帳面價值」就是投入資本的帳面價值，是指該企業投入資本或資金有多少，它代表的是企業的基本價值。而「銷售額（營業收入）」是反映企業的營運銷售能力及創造收益的能力，是非常適合用來衡量企業特性的一種變數。「息前稅前收益」與「息前稅前折舊攤銷前收益」是近年來財務管理專業人士常用的一項企業績效衡量指標，代表的是企業使用投入的資本或資金所創造的收益的能力。因此，這兩種衡量企業特性的變數，不僅是分析企業的投融資策略，還能藉以掌握該企業的生產、營運及成本控制能力。「淨現金流量」其實就是股東所創造出來的現金流量，也是絕大多數投資人所追求與期望的投資報酬。是股東完成可以處置的現金流量，所以這種指標非常適合用股東的立場來評估企業的

未來價值。

　　評價人員如果可以確實的掌握並具體的說明受評企業與對照企業之間的相同或類似程度，就可以估算出受評企業的價值，也就是說，我們可以使用對照企業的價值乘數當作受評企業的價值乘數；即以受評企業的銷售額（營業收入）、帳面價值、息前稅前收益、息前稅前折舊攤銷前收益及淨現金流量等變數乘以對照企業的價值乘數，估算出受評企業的價值。

　　估算出受評企業的價值之後，我們還需要對價值估計結果做最後的確認，即所謂的合理性評估，美國評價業界稱之為「Sanity check」[1]。

　　因為使用「市場評價途徑」估計的價值結果，是公開市場上的股票交易價格，但是，如同我們在第一節裡所提到的，它的成交數量僅僅占該企業總發行股票數量的一小部分而已。所以，在公開市場上交易的股票價格代表少數股權價值。因此，如果當受評企業的股權比例很高，甚至已經具有控制權優勢時，採用「市場評價途徑」所估計出的價值可能會被低估。另一方面，如果當受評企業是股權掌握在少數人手中的家族企業時，其市場流通性當然比不上在公開市場上交易的股票，因此採用「市場評價途徑」可能會高估該企業的價值。

　　如果真的找不到或很難找得到相同或類似業務的對照企業，我們只好依據受評企業與對照企業相同或類似的程度，予以加權平均，即相同或類似的程度較高的給予較高的權重、相同或類似的

---

1. 又稱為完整性檢查，是一個基本的測試，快速評估一個權利要求或計算的結果是否可能是真實的。

程度較低的給予較低的權重。跟歐美各國比較，台灣的市場規模相對較小，因此，專業財經機構所提供的相關資料較為不足，不像美國有不少大型的專業財經機構專門針對各種產業的差異因素進行分類、比較、整理、分析、統計等工作，因此，評價人員採用「市場評價途徑」必須蒐集並詳細分析受評企業與對照企業相同或類似的程度，才能提升評價報告的可信度與專業度。例如，是否都處於繼續營運狀態？是否都是上市、上櫃或是公開發行公司？是否都具有控制權？是否從事相同或類似業務？資本結構是否差不多？股東結構是否差不多？市場競爭力是否差不多？是否都存在相同的營業季節性差異或是產業景氣循環週期？是否都採用相同的價值標準？是否都能提供品質良好及數量足夠、適當的財務報表相關資料？經營團隊所提供資訊的可信度是否足夠？經營團隊的管理能力是否相近？

四、市場評價途徑的方法——無形資產價值評估

　　依據《評價準則公報》第七號「無形資產之評價」第26條規定：「可類比交易法為市場法下之評價特定方法，係參考相同或相似資產之成交價格、該等價格所隱含之價值乘數及相關交易資訊，以決定標的資產之價值。評價人員採用可類比交易法評價無形資產時，應特別注意可類比交易之相關特性，以決定該等交易價格參考之適當性。」

　　前述之「市場法」及「評價特定方法」同樣只是名稱的差異，其實就是我們之前所分別提過的「市場途徑」及「評價方法」。

　　可類比交易法：係參考相同或相似資產之成交價格、該等價格所隱含之價值乘數及相關交易資訊，以決定標的資產之價值。評價人員採用可類比交易法評價無形資產時，應特別注意可類比交易之相關特性，以決定該等交易價格參考之適當性。

　　我們曾在上一節中提到，評估無形資產就是評估並分析標的無形資產與可類比無形資產的相似程度。

五、選擇可類比交易的考量因素

　　以「市場評價途徑」來評估無形資產的價值最大的關鍵點就是，我們如何在市場活動上找到相同或類似無形資產之已成交價格？或是說我們如何參考目前進行中交易或過去交易之買方報價或賣方報價？假設，很幸運的我們真的找到了與標的無形資產相同或類似的無形資產，經過詳細分析之後，這兩者之間不僅都屬於專利權的授權交易，而且其授權區域及授權期間也都很相似，也就是說它們兩者的相似程度非常的高，幾乎不需要做太多的調整，我們甚至還得知該可類比交易的已成交價格。這種情形對評價人員來說，真的是「百年難得一見」呀！如果真的可以找到相同或類似無形資產之「可類比交易」，那麼，「市場評價途徑」真的非常好用。但是，與其說「市場評價途徑」好用，倒不如說很容易被誤用，因為，可類比無形資產是否真的與標的無形資產相同或類似？這可不只是光靠運氣或是單純憑著評價人員的主觀認定就可以交差的。

　　接下來，我們將參照《評價準則公報》第七號「無形資產之評價」第 66 條至第 69 條的規定，將選擇相同或類似無形資產之「可

類比交易」幾個應該考量的因素，提供讀者參考：

（一）選擇市場活動中相同或類似無形資產之過去交易價格或已成交價格。

（二）特別注意標的無形資產與所選擇的可類比無形資產之相似程度，詳細分析可類比項目及可類比程度，並就可類比性不足之部分進行必要之調整。

（三）如果無法取得充分資訊以進行前項之調整，則應放棄參考所選定之過去交易價格或已成交價格，或放棄採用可類比交易法。

（四）可類比無形資產與標的無形資產間之相關差異，該等差異包括：

1. **資產之特性**：包括功能、應用之地理區域及應用之市場（例如企業對企業或企業對個人之市場）。

2. **交易市場之特性**：例如市場情況。

3. **交易參與者之特性**：例如可能影響交易價格之特定買方或賣方。

4. **交易之特性**：包括交易條件與情況。例如您所選擇專利權是「讓與」還是「授權」？專利權的「讓與」是指將專利權之全部移轉讓與他人，也就是一般人常說的賣斷；而專利權的「授權」則是指專利權人將其專利權之全部或部分授權他人實施。或者，您所選擇專利權是「專屬授權」還是「非專屬授權」？「專屬授權」是指授權人僅授與被授權人一人，被授權人在被授權的範圍內單獨享有行使專利的權利；而「非專屬授權」是指授權人在授權時，就相同的授權範圍內仍然可以再授權給其他人行使的權利。當交易的條件或情況不同，所選擇的可類比無形資產與標的無形資產之間的相似程度也就不同，當然就必須對差異的部分進行必要的調整。

5. 交易之時間點。

（五）評價人員採用可類比交易時，應蒐集可作為參考之交易資訊，評估其充分性，並於評價報告中敘明充分性之評估結果。

（六）評價人員應先辨明影響評價標的價值之因素，並與擬參考可類比交易進行逐項評比分析，並依分析結果調整所參考之價值乘數或交易價格，以合理反映標的無形資產之價值。

六、市場評價途徑的重要提醒

　　常會聽到評價業者說，「市場評價途徑很容易使用，也很容易被誤用」。因此，我們列出下列幾種在使用「市場評價途徑」時常見的錯誤，藉以提醒讀者及評價人員如何避免誤用：

（一）對照企業或可類比無形資產的交易資料選用不當。

（二）對照企業或可類比無形資產的交易資料取樣的期間選用不當。

（三）價值乘數未能合理估計、分析。

（四）價值乘數計算不當。

　　正如我們在本章一開始所提出的，執行市場評價工作能否順利的最重要關鍵在於能否找到足夠且適當的對照企業或可類比無形資產的交易資料。但是，實務上很少能夠找到非常完美的對照企業或可類比無形資產的交易資料，甚至在對照企業或可類比無形資產的交易資料之間也會有差異存在。因此，評價人員不可含糊帶過，必須特別敘明、分析差異的因素、針對相關差異的部分進行必要之調整，並在評價報告中詳加說明。

從收益視角導出之
評價法（一）

案例研習 21

✦ 評價分析師小李受託評估某公司的整體價值，小李的團隊
　在採用收益途徑時誤將委託公司過去三年的財務報表的加
　權平均營業收入當成預估的營業收入，如果您是小李應該
　如何處理呢？

一、收益的定義

　　要著手進行「收益評價途徑」之前，我們要先瞭解「收益」眞
正的定義。可能會有讀者說收益不就是獲利、營收、銷貨收入嗎？
我們在前一章裡說過，「執行市場評價工作是否能夠順利的最重要
關鍵，在於能否蒐集到可供評價參考依據之足夠且適當的市場交易
（成交）資料」；而執行收益評價工作最重要關鍵，在於能否精確
的掌握正確且適當的「收益資料」。

　　依據《評價準則公報》第七號「無形資產之評價」第 20 條的
規定：「評價人員採用收益法評價無形資產時，未來利益流量之風
險應反映於利益流量的估計、折現率之估計或兩者之估計，惟不得
遺漏或重複反映。」及第 28 條的規定：「收益法所採用之利益流
量爲未來將實際發生或假設情境下之數值。收益法下之所有評價特
定方法皆高度依賴展望性財務資訊，包括：

1. 預估之收入。
2. 預估之毛利及營業利益。
3. 預估之稅前及稅後淨利。
4. 預估之息前（後）及稅前（後）之現金流量。
5. 估計剩餘經濟效益年限。」

　　前述之「收益法」及「評價特定方法」同樣只是名稱的差異，就是我們之前所分別提過的「收益途徑」及「評價方法」。

　　另外，依據《評價準則公報》第七號「無形資產之評價」第 21 條的規定：「評價人員採用收益法評價無形資產時，應蒐集展望性財務資訊作為收益法之輸入值。展望性財務資訊應包括利益流量之金額、時點及不確定性之資訊。」及第 34 條的規定：「展望性財務資訊之估計應考量下列因素：

1. 使用標的無形資產所創造之預期收入及其市場占有率。
2. 標的無形資產之歷史性利潤率，及反映市場預期下之預期性利潤率。
3. 與標的無形資產有關之所得稅支出。
4. 企業使用標的無形資產所需之營運資金與資本支出。
5. 預估期間之收益成長率。該收益成長率應反映相關產業、經濟及市場預期。

　　評價人員應評估管理階層所提供各項估計數之可實現性；若管理階層所提供之估計數不具可實現性，評價人員不得採用。展望性財務資訊所含之假設及其來源應於評價報告中敘明。」前述之「收益法」同樣只是名稱的差異，就是我們之前所分別提過的「收益途徑」。

　　所謂的「收益評價途徑」，以企業評價來說，就是把企業當作

一個產生收益或獲利的單位，因此，被評估的單位是否具有價值，就要看它能夠創造出多大的收益，而不是它擁有多少資產。

　　由此看來，「收益」真正的定義，似乎不像您所想像的那麼簡單。我們先來回顧一下「會計學」所講到收益的兩大概念，分別是：「應計基礎或稱為權責發生制」下的收益與「現金基礎或稱為現金收付制」下的收益。然而，評價人員究竟應該選擇哪一種基礎的收益才正確呢？首先，評價人員應該再次回顧已簽訂的評價委任書，從而辨識評價標的與評價目的，相信您一定能夠找到正確的答案。

（一）應計基礎的收益

　　依據一般公認會計原則（GAAP）要求，企業必須採用「應計基礎」作為記錄會計交易的根據，在這個基礎規定之下，要符合收入費用配合原則，也就是只有當期已實現的收益，才能夠列入當期的收益。因此，只要企業接獲訂單、且已將產品送交至客戶、客戶也完成驗貨簽收手續，就應該算是收益已經實現了。因為「應計基礎」認為不論是否已經收到現金，凡是當期已實現的收益，都應該列為當期的收益；同樣地，不論是否已經支付現金，凡是當期已發生的費用，都應該列為當期的費用及損失。所以，企業採用「應計基礎」編製損益表（表 11-1），可以當作「收益」的項目，例如：

1. 營業收入或銷貨收入。
2. 營業毛利。
3. 營業利益。
4. 稅前淨利。
5. 稅後淨利。

表 11-1　「應計基礎」損益表收益項目

	營業收入
-	營業成本
=	營業毛利
-	營業費用
=	營業利益
+	營業外收益
-	營業外支出
=	稅前淨利
-	所得稅
=	稅後淨利

　　如果讀者也同樣問說「那麼究竟該選擇哪一種收益才正確呢？」我們會如此建議：「收益的選擇絕不是隨機的或是任意的，只有從評價標的與評價目的去辨識，才能找到適當的收益，進一步評估出最有可信度的價值。」上述損益表中的幾個會計科目雖然可以表達企業的收支狀況，但是將其運用企業評價上卻常遭受到財務專業人士的質疑。因為，「應計基礎」認定只有當期已實現的收益，才能夠列入當期的收益，但是，當期的收益是否已經實現，究竟應該以實際收到現金為依據，還是以產品送交至客戶、客戶也完成驗貨簽收手續為依據呢？

（二）現金基礎的收益

　　理論上來說，「現金基礎」下的收益項目是最適合當作評價未來收益的指標。因為「現金基礎」認為不論收益或費用發生在什麼時候，凡是收到現金或是支付現金的當期，就當作當期的收益或費損。

1. 營業現金流量（Operating Cash Flow）。
2. 稅後現金流量（After-tax Cash Flow）。
3. 股東權益現金流量（Free Cash Flow to Equity）。
4. 企業現金流量（Free Cash Flow to Firm）。

案例研習 22

✦ Dustin 評價分析師正在執行某一企業的整體評價案，除交代團隊成員小趙必須採用收益評價途徑，應先考量該受評公司能夠創造出多大的收益之外，仍需從中選擇最適當的收益類型，小趙口中念念有詞似乎不認同 Dustin 評價分析師看法。如果您是小趙的話該如何選擇。

二、收益的類型

　　收益的類型可能取決於受評價標的之特性、評價的目的、評價的方法等等，舉例來說，受評價標的未來所產生的收益或利益流量是否具有控制權？因為，具有控制權的收益或利益流量將會估算出具有控制權的受評價標的的價值；相對地，不具控制權的收益或利益流量將會估算出不具有控制權的受評價標的的價值。也就是說，收益或利益流量的類型取決於我們要評價的對象究竟是企業整體、企業股權、個別有形資產還是個別無形資產。

（一）EBIT 與 EBITDA

既然「現金基礎」下的收益項目是最適合當作評價未來收益的指標，那麼，我們應該如何從「應計基礎」下的收益項目轉換成「現金基礎」下的收益項目呢？近年來，除了損益表中幾個收益項目之外，還有其他的收益衡量指標，例如：息前稅前淨利（EBIT）與息前稅前折舊攤銷前淨利（EBITDA），雖然它們不是傳統的會計科目，而且有些評價業者也認為，EBIT 與 EBITDA 比較適合用在「市場評價途徑」，因為這種類型的收益衡量指標是來自可類比上市上櫃公司交易資料的價值乘數（讀者可以參閱第十章的表 10-1 及表 10-2），但是卻廣為財務專業人士運用在財務數據之分析比較。其主要用途是在企業合併或收購案件，因為收購方自己通常會有主觀的稅賦、利息、折舊及攤銷等費用考量，而這些非實際現金費用支出項目對被收購方反倒並不是直接相關，因此，EBITDA 對被收購方似乎更為合適。

接下來，如果讀者能夠取得受評企業的損益表，只要依照下表 11-2 的程序，就可以計算出評價慣用的收益衡量指標了。

表 11-2　評價慣用收益項目

	中文名稱	英文簡稱
	稅前淨利	EBT
+	利息費用	
=	息前稅前淨利	EBIT
+	折舊、攤銷	
=	息前稅前折舊攤銷前淨利	EBITDA

（二）無負債下現金流量

　　我們依照表 11-2 從「應計基礎」下的收益項目計算出評價慣用的收益衡量指標，但是，基本上不論是 EBIT 或是 EBITDA，這兩種項目仍然屬於「應計基礎」下的收益項目。既然「現金基礎」下的收益項目是最適合當作評價未來收益的指標，那麼，我們應該如何從「應計基礎」下的收益項目轉換成「現金基礎」下的收益項目呢？也就是應該如何轉換成上一節所提到的評價慣用現金流量。現金流量指標例如：「無負債下淨利」及「無負債下現金流量」，這兩種指標是假設企業如果真的沒有任何舉債，完全用股東的資金來支應營運資金需求，那麼該企業的淨利有多少？現金流量有多少？這兩種指標主要是運用在企業的收購，而且是針對被收購方的資產而不是其股權，因為收購方關切的是被收購方的資產所能夠產生的收益，而不會考慮被收購方藉由舉債所帶來的收益。

　　只要能夠取得受評企業的損益表，接下來表 11-3 的程序，就可以計算出評價慣用的現金流量了。

表 11-3　評價慣用現金流量項目

	中文名稱	英文簡稱
	稅前淨利	EBT
-	所得稅	
=	淨利	NI
+	稅後利息費用	
=	無負債下淨利	DFNI
+	折舊、攤銷	
=	無負債下現金流量	DFCF

（三）淨現金流量

　　受評企業如果眞的沒有任何舉債，完全倚靠股東的資金來支應企業日常的營運資金需求，那麼該企業所產生的淨利有多少？現金流量有多少？但是對受評企業的股東來說，他們更加關心的應該是該企業所產生的「淨現金流量」有多少？因為，「淨現金流量」其實就是股東所創造出來的現金流量，也是絕大多數投資人所追求與期望的投資報酬。從表 11-4，我們知道「淨現金流量」是將該企業的淨利加上非實際現金費用項目、扣除所增加的資本支出（例如機器設備等固定資產）、扣除營運資金的淨增加，最後再加上長期舉債的淨增加金額，因此，這最後的現金流量是股東完全可以處置的現金流量，所以這種指標非常適合用股東的立場來評估企業的未來價值。

　　接下來，只要依照表 11-4 的程序，就可以計算出股東們最關切的淨現金流量了。

表 11-4　評價慣用淨現金流量項目

	中文名稱	英文簡稱
	淨利	NI
+	折舊、攤銷	
-	資本支出	
-	營運資金的增（減）	
+	長期舉債的增（減）	
=	淨現金流量	NCF

（四）自由現金流量

　　「淨現金流量」很適合用股東的立場來評估企業的價值，因為它已經扣除了所有利害關係人的債務了。但是，如果我們要評估的是企業的價值，那麼，「淨現金流量」或許不太適當。如果單從「營業」的角度檢驗企業價值，就必須排除營業外收支項目對所得稅的影響，因此，以息前稅前淨利（EBIT）乘以所得稅率推算出的稅後營業淨利（NOPAT），其實就是純粹「營業」面所應該支付的所得稅。

　　接下來，只要依照表 11-5 的程序，就可以計算出股東們最關切的自由現金流量了。

表 11-5　評價慣用自由現金流量項目

	中文名稱	英文簡稱
	稅前淨利	EBT
＋	利息費用	
＝	息前稅前淨利	EBIT
×	所得稅率	
＝	稅後營業淨利	NOPAT
＋	折舊、攤銷	
＝	營業現金流量	OPCF
-	淨投資	
＝	自由現金流量	FCF

　　如果評價業界以「收益評價途徑」進行企業評價都一致同意應該採用「現金流量」，那麼坊間的股市分析師或是專注以每股盈

餘（EPS）評估企業的專家，到底是對還是錯？不可諱言的是，對一家企業長期的獲利能力來說，不論是現金流量或是每股盈餘其實都很重要。因為，如果企業的每股盈餘長期下來都屢創新高，那麼該企業應該也能夠產生不錯的現金流量。這聽起來似乎合情合理，可惜您還是被誤導了。因為，如果一家企業的每股盈餘（高獲利能力）長期下來都能屢創新高，但是卻未能產生足夠的現金流量，也就是說，每股盈餘很高卻無法分配給股東，甚至仍然需要股東不斷的投入更多的資金來支應營運活動。長期下來，該企業創造價值及投資決策的能力，必定會遭受到投資人強烈的質疑。

三、收益預估的方法

接下來，我們要探討未來收益預估的方法，以下所列舉幾種不同的方法，其差別僅取決於未來的收益或利益流量是線性或非線性。就如同收益的類型是取決於我們所要評價的對象究竟是企業整體、企業股權、個別有形資產或是個別無形資產一樣，對於未來收益的預估並沒有所謂最好的，只有最適合的，這完全需要憑藉評價人員的主觀及專業判斷而決定：

（一）線性利益流量預測

是指當預估的未來收益或利益流量是預期持續維持著穩定狀態，或是被預期以一個穩定的比率成長或下滑的情形，這類型的收益或利益流量就屬於「線性利益流量」。通常這個方法是以歷年來的收益或利益流量資料來推估未來的收益或利益流量。

1. 非加權平均法（Un-weighted Average Method）：或稱為普通

平均法、一般平均法或算術平均法。這個方法是將受評企業或無形資產歷年來的收益或利益流量數據全部相加，然後再除以歷年來數據的筆數，即可得知受評企業或無形資產歷年來的收益或利益流量數據的平均值，然後再以該平均值當作受評企業或無形資產未來的收益估計值，這是一種最爲保守的估計方法。

假設，某家企業過去五年來的利益流量如表 11-6 所示，即可以「非加權平均法」算出該企業歷年來利益流量的平均數值爲：

$$\$150,000 \div 5 = \$30,000$$

表 11-6　非加權平均法

年度	收益或利益流量
過去前五年	120,000
過去前四年	50,000
過去前三年	30,000
過去前二年	-20,000
前一年	-30,000
總計	$150,000

　　這種方法適合用來推算成熟且營業收入穩定、景氣循環周而復始的企業，而且歷史資料顯示過去的收益或利益流量並沒有特殊的趨勢，或是無法確認過去哪一年度的收益或利益流量比較具有代表性的企業。

2. 加權平均法（Weighted Average Method）：這個方法同樣是採用受評企業或無形資產歷年來的收益或利益流量數據來估算未來的收益估計值，但是，「加權平均法」是將越靠近現在年度的數

據給予較高的權重，然後再除以數據的總權重數，即可得知受評企業或無形資產收益或利益流量的加權平均值，然後再以該平均值當作受評企業或無形資產未來的收益估計值。

假設我們同樣以之前那一家企業過去五年來的利益流量如表 11-7 所示，即可以「加權平均法」算出該企業收益或利益流量的加權平均值為：

$$\$80,000 \div 15 = \$5,333$$

表 11-7　加權平均法

年度	收益或利益流量	乘以	權重	加權平均收益或利益流量
過去前五年	120,000	×	1	120,000
過去前四年	50,000	×	2	100,000
過去前三年	30,000	×	3	90,000
過去前二年	-20,000	×	4	-80,000
前一年	-30,000	×	5	-150,000
總計	$150,000		15	$80,000

　　這種方法適合用來推算那些預期過去的趨勢很有可能會持續下去或是過去有某一年度的收益或利益流量對未來較具有代表性的企業。

（二）非線性利益流量預測

　　是指當預估的未來收益或利益流量是預期以一種不穩定的變動比率成長或下滑的情形，這類型的收益或利益流量就屬於「非線性利益流量」。通常這個方法未來的收益或利益流量是以推估的方式得來的。

1. 推估現金流量（Projected Cash Flows）：或稱為現金流量折現
   法（Discounted Cash Flow Method）。這個方法是當評價人員認
   為受評企業或無形資產經過幾年之後未來的現金流量，將以一種
   穩定的比率變化，而且一旦未來的收益或利益流量趨於穩定不再
   變動之後，將維持穩定的比率成長或下滑。

2. 推估盈餘（Projected Earnings）：這個方法相當類似推估現金
   流量，當評價人員預期受評企業或無形資產未來的現金流量，將
   近似於推估的現金流量或是用以評估受評企業或無形資產所使用
   的折現率之價值乘數已經由現金流量轉換為盈餘。

（三）靜態趨勢線法（Trend-Line Static Method）

　　這種方法適合用來推算那些受評企業或無形資產過去年度的收
益或利益流量呈現出明顯且穩定的趨勢，評價人員認為這種趨勢不
會再出現變動，而且對未來抱持保守的看法。另外，要提醒讀者的
是，使用這種方法必須取得較多年度的歷史收益資料，如此一來估
算出來的趨勢線才能具有說服力。

（四）趨勢線預測法（Trend-Line Projected Method）

　　如同前一個方法，這種方法同樣假設受評企業或無形資產過去
年度的收益或利益流量呈現出明顯且穩定的趨勢，評價人員認為這
種趨勢不會再出現變動，但是對未來抱持樂觀的看法。最後，我們
同樣要提醒讀者的是，使用這種方法必須取得較多年度的歷史收益
資料，估算出來的趨勢線才能具有說服力，另外，評價人員必須適
當的敘明對未來抱持樂觀的看法的理由根據。

（五）固定成長率預測法（Internal Growth Projected Method）

　　這種方法是當評價人員預期受評企業或無形資產未來的成長性

非常樂觀而且呈現穩定的成長率。這種方法適用於受評企業或無形資產過去年度的收益資料呈現出明顯的成長趨勢，評價人員有足夠的證據認為這種趨勢將會再維持下去，而且評價人員對未來抱持樂觀的看法。

最後，關於未來收益預估方法的考量，我們還有下列幾個項目必須再次不厭其煩的提醒讀者：

（一）**收益資料的數量**：一般而言，能夠取得的收益資料當然是越多越好，直到推估的利益流量趨於穩定且呈現線性趨勢（以穩定的比率成長或下滑變化直到永續）。但是，通常收益資料推估出來的期間越長，可信度就會越低。所以評價人員必須憑藉專業的判斷力以決定收益資料取得期間。

（二）**收益資料的通貨膨脹**：評價人員也許會面臨所謂的實質利率或是名目利率。一般而言，折現率已經將通貨膨脹因素列入考量，也就是說，用以評估受評企業或無形資產所使用的折現率是指名目利率。

（三）**收益資料的品質**：收益資料不論是由受評企業提供，或是評價人員協助整理出來，評價人員必須評估所取得資料的合理性，並詳細檢驗所取得的資料是否適合該評價案件使用、是否已經適當的反映經濟及產業分析、是否已經適當的反映內部及外部因素對未來利益流量產生的影響等。另外，如果取得的歷年來收益資料不足，導致難以估計未來的利益流量，則建議改採推估的方式推算未來的利益流量。例如，如果所取得的歷年來收益資料不足五年，不論非加權平均法或加權平均法都不適合使用。

四、折現率

　　所謂折現率就是將未來的利益流量轉換成現值的參數，也就是說，使用折現率代表我們對企業或無形資產未來的利益流量都可以充分的掌握。「折現率」所反映的是投資人所投入資金的機會成本，它是將投入的資金在未來預期所能夠產生的收益金額折算成現在的價值。而且，「折現率」還要正確的反映企業的加權資金成本。依據《評價準則公報》第十一號「企業之評價」第24條的定義：「評價人員於決定收益法下之折現率或資本化率時，除考量貨幣之時間價值外，尚應考量與利益流量類型及未來營運有關之風險。前項之折現率或資本化率應優先參考市場中可觀察到類似企業之折現率或資本化率，並依受評企業之特定風險逐一調整該折現率或資本化率。若無法觀察到類似企業之折現率或資本化率時，得以支應受評企業之資金成本為基礎進行調整。」

　　另外，依據《評價準則公報》第十一號「企業之評價」第25條的定義及《評價準則公報》第七號「無形資產之評價」第20條的定義：「評價人員採用收益法評價無形資產時，未來利益流量之風險應反映於利益流量之估計、折現率之估計或兩者之估計，惟不得遺漏或重複反映。」

　　因為，折現率是反映投資人資金的機會成本及企業的加權資金成本，所以折現率表示投資人依據其投資標的所要求的合理報酬。在效率市場運作下，假設所有投資人都是理性的、都以追求利潤最大化為目的。當投資人放棄現在的消費當然會要求合理報酬，因此，資金是具有其機會成本。今天您口袋裡有1元，應該會比明年才能拿到的1元更加值錢，因為今天您口袋裡的1元比明年的1元多了一年的投資獲利機會。

五、折現率估計的方法

　　我們在上一節提到，折現率就是投資人依據投資標的所要求的預期合理報酬。根據財務學家的觀點，預期合理報酬其實是由無風險利率（Risk-free rate）與風險補償溢酬（Additional return premium）所組成的。

（一）無風險利率

　　又稱為實質報酬率，是指投資人所要求的最基本的報酬率，即補償投資人放棄現在的消費享受及物價可能會上漲的基本報酬。

（二）風險補償溢酬

　　是指額外補償投資人所必須要承擔的風險，這個風險包括下列兩種：

1. 系統風險：指影響所有投資項目的共同風險，是一種市場風險，也就是市場、政治或經濟因素所導致的，任何投資項目都無法避開這種風險，因此又稱為不可分散風險。

2. 非系統風險：指風險是因為個別投資項目本身所引起的，導致投資的報酬率發生變化的風險，又稱為可分散風險。

　　從投資風險調整的觀點來看，影響風險的特定因子有外在因素、內部因素及投資因素等三種：

（一）外在因素

1. 對一般經濟狀況的預期。
2. 一般經濟既已存在的狀況。
3. 對特殊產業的預期。
4. 特殊產業既已存在的狀況。

5. 特殊產業的競爭環境。

（二）内部因素

1. 對一般企業狀況的預期。

2. 企業的財務狀況。

3. 企業的競爭狀況。

4. 企業的規模大小。

5. 企業的特性。

6. 企業組織的品質。

7. 企業獲利的可靠性與穩定性。

（三）投資因素

1. 投資本身的風險。

2. 投資組合管控。

3. 對特殊產業的預期。

4. 對投資變現能力的預期。

5. 對投資的管理負荷。

　　評價人員大致都會認同上述的每種因素對投資會有所影響，因此也會影響到報酬率、折現率或資本化率的決定。在實務上，評價業界應該也沒有什麼方法可以將上述的每一種因素予以量化，所以折現率或資本化率的決定自然而然就成為評價過程中最困難，也最繁複的議題。

　　關於折現率的估計，本書特別介紹在評價業界實務上所使用的幾種方法供讀者參考：

（一）資本資產訂價模型（Capital Asset Pricing Model, CAPM）

　　資本資產訂價模型是 1960 年代由美國財務學家 Treynor,

Sharpe, Lintner, Mossin 等人所發展出來的，其目的是在協助投資人決定資本資產的價格。所謂資本資產（capital asset）是指股票、債券等有價證券，代表對實質資產所產生報酬的求償權，所考慮的是不可分散的風險（市場風險）對證券要求報酬率的影響，該模型的焦點都是在分析證券的風險和預期報酬率上，而較少論及證券的價格問題，應用資本資產訂價理論探討風險與報酬之模式，可發展出有關證券均衡價格的模式，供市場交易價格之參考。

　　該模型假定投資人可作完全多角化的投資來分散可分散的風險（投資項目特有的風險），只有無法分散的風險，才是投資人所關心的風險，因此也只有這些風險，可以獲得風險補償。基本公式表達如下：

所有風險性資產的預期報酬率＝
無風險利率（Risk-free rate）＋風險補償溢酬（Additional return premium）
風險補償溢酬＝風險的價格 × 風險的數量

　　但是 CAPM 也有以下幾個限制情況：

1. 該模型是單一期間模式。
2. 假設條件與實際不符：實際狀況有交易成本、資訊成本及稅賦，為不完全市場借貸利率相等，且等於無風險利率之假設、實際情況借錢利率大於貸款利率。
3. 應只適用於資本資產。
4. 估計過去的變動性，但投資人所關心的是該證券未來價格的變動性。
5. 實際情況中，無風險資產與市場投資組合可能不存在。

（二）堆疊法（Build-Up Method）

堆疊法是美國評價業者所常採用的評價模型，這個方法的理論是源自於資本資產訂價模型的無風險利率再加入跟投資項目有關的各種風險溢酬，以估算投資某公司股票的合理報酬，使其足以補償持有該股票所承擔的各種風險。基本公式表達如下：

$$Ke = Rf + ERP + IRPi + SP + SCR$$

Ke：資金成本報酬率（Cost of equity，投入資金的成本）

Rf：無風險利率（Risk-free rate）

ERP：投資股票預期的風險溢酬（Expected equity risk premium）類似一般常聽到的 ROE（Return on equity）

IRPi：投資股票所屬產業預期的風險溢酬（Expected industry risk premium for industry i）

SP：投資股票公司規模的風險（Size premium）

SCR：投資股票公司特定的風險（Specific company risk for the company）

表 11-8　堆疊法（下表之各項數值僅供參考）

組成項目	資料來源	數值
Rf	長期（二十年期）政府債券報酬率	4.8%
ERP	（歷史風險溢酬－平均股價盈餘比率）～（大型公司股票投資報酬率－長期（二十年期）政府債券報酬率）	6.1%～7.2%
IRPi	查閱 The valuation handbook-Guide to cost to capital	0.6%
SP	查閱 NYSE／AMEX／NASDAQ 資料	0.9%～9.9%
SCR	（該數值僅供參考）公司特定的風險無法查閱資料	4.8%

接下來，我們將表 11-8 所舉出的幾個數值，再套入堆疊法的基本公式（Ke = Rf + ERP + IRPi + SP + SCR）後，就可以估算出投資某公司股票的合理報酬率（折現率）了。

（三）加權平均資金成本（**Weighted Average Cost of Capital, WACC**）

加權平均資金成本正如同其字面上的意思，它是結合公司的股權成本與其所有舉債所發生的成本。這個方法也是眾所周知的折現率或資本化率估算方法。當評價人員面臨的評價案件是評估企業整體價值時，例如企業收購案件，就必須先瞭解該企業的資本結構，可能是由普通股股權、特別股股權及長期負債所組成的，或是其他不同的組成。

本書特別假設，受評企業的資本結構比較單純，只有普通股股權及長期負債，因此我們列示的加權平均資金成本的基本公式表達如下：

$$WACC = (Ke \times We) + [Kd (1 - t) \times Wd]$$

WACC：加權平均資金成本（Weighted Average Cost of Capital）

Ke：普通股資金成本（Cost of common equity capital）

We：普通股占總資本結構的百分比（Percentage of common equity in the capital structure）

Kd：受評企業稅前舉債資金成本（Cost of debt capital (pre-tax) for the company）

t：受評企業所得稅率（Effective income tax rate for the company）

Wd：舉債占總資本結構的百分比（Percentage of debt in the capital structure）

表 11-9　加權平均資金成本基本假設資料

組成項目	資料說明	數值
Ke	普通股資金成本	22%
We	普通股占總資本結構的百分比	70%
Kd	受評企業稅前舉債資金成本	5%
Wd	舉債占總資本結構的百分比	30%
t	受評企業所得稅率	40%

　　接下來，我們將表 11-9 所假設的幾個數值，再套入加權平均資金成本的基本公式（WACC ＝ (Ke×We) ＋ [Kd (1－t)×Wd]）之後，就可以估算出投資某公司股票的合理報酬率（折現率）了。如同下列的式子所示：

$$WACC = (22\% \times 70\%) + [5\% (1-40\%) \times 30\%]$$
$$= (0.22 \times 0.7) + [0.05 (0.6) \times 0.3]$$
$$= 0.154 + 0.03 \times 0.3$$
$$= 0.163$$
$$= 16.3\%$$

六、資本化率

　　或許讀者曾經聽說過「折現率」，它是源自於財務管理學的「現金流量折現理論」，但是，評價業界也很常在實務上使用所謂的「資本化率」來評估受評價標的。「資本化」是會計實務上常會聽到的名稱，是指企業為投資目的而取得某資產，並且將借款購置該資產所衍生的利息費用當作是該資產項目的一部分，也就是說，

借款購置該資產的利息費用已經被資本化了。

在企業評價專業領域，「資本化」是指根據企業未來產生收益的能力來評估企業價值的方法。例如，某一家受評企業每年可以產生 1,500,000 美元的收益，假設評價人員推估該企業的資本化率為 20%，我們立刻就可以得出一個粗略估算的企業價值為 7,500,000 美元。雖然，這種方式有點粗糙但是卻不失為一種評價方法。企業評價的不確定性太高，如果評價人員想方設法要估算折現率或是未來的收益時，評價的結果難免會遭受到批評或質疑，在此情況之下，利用簡單易懂的「資本化率」說不定得到的價值結果不會比使用「折現率」差。

案例研習 23

✦ 執行企業或無形資產評價工作，當您決定採用收益評價途徑時，經常會面臨到折現率與資本化率的選擇問題，如果選擇錯誤的話，對評價結論會產生什麼影響呢？您是否也能判斷最終選擇折現率或資本化率的理由或依據何在？

七、資本化率與折現率的關係

曾經有學生問我，「資本化率」跟「折現率」兩者之間到底有什麼關係呢？我的回答是這樣子：當受評企業或無形資產未來的

收益是固定的而且能不斷持續時，投資人所投入資金的成本應當以「資本化率」計算；因為，當評價人員決定採用「資本化率」評估企業或無形資產時，基本上已經認為該企業或該無形資產未來產生的收益（或收益成長率）是固定的而且能夠不斷持續發生。或許財務學者 Gordon 所提出的「Gordon Constant Growth Model」，正好可以解釋「資本化率」跟「折現率」兩者之間的關係，該模型的基本公式表達如下：

$$C = R - g$$

C：產生收益的資本化率

R：折現率（資金的成本）

g：預期長期投資收益的固定成長率

　　從上方的公式得知：當未來收益的成長率是 0 或是零成長時，此時「資本化率」就等於「折現率」。其實，要使用「資本化率」的條件不算很簡單，它無法用來評估比較複雜、多變化型態的未來收益。例如，當某一企業處於一個高度不確定性的環境，而且未來收益的變化很難預測，在此情況下「資本化率」反而比「折現率」更加適合。因為，「折現率」需要對未來收益預估，其實當中可能已經包含很大的誤差。在此情況下，使用簡單易懂的「資本化率」說不定得到的價值結果反而比較保守可靠。

　　另一方面，當未來收益可能有很大的波動，但是成長趨勢是可以預測的，或是當所評估的企業是新興產業，且近年來的預估收益的成長率很高，則比較適合使用「折現率」，因為「折現率」適合所有型態的未來收益的評價。

　　在美國，採用「資本化率」作為主要評價方法的專業人士是不動產業者。因為，不動產在收益上比起其他行業來得穩定（總收入扣除基本維修成本），變化不至於太大，它只是將單筆資產的收益金額轉換成該項資產的價值。「資本化率」並不是建立在任何財務或會計專業的理論基礎之上，它只能勉強列為評價人員或評價分析師主觀、專業的判斷。在效率市場下，「折現率」所反映的則是投資人投入資金的機會成本，它是將投入的資金在未來預期所能夠產生的收益金額折算成現在的價值。

　　依據《評價準則公報》第十一號「企業之評價」第 24 條第 4 項及第 5 項的定義：「評價人員判斷未來永續期間各期利益流量皆按固定比率成長（減少）時，始得採用資本化率將該期間利益流量轉換為單一金額（第 4 項）。評價人員使用資本化率時，應於評價報告中敘明如何判斷未來期間各期利益流量為永續及該成長（減少）率為固定（第 5 項）。」

從收益視角導出之
評價法（二）

案例研習 24

✦ 評價師 Jander 同時承接某一家企業與該企業所擁有的新
開發技術專利權的評價案，因為受評價企業 Q 近年來的獲
利狀況一直不太穩定，評價師 Jander 是否要放棄採用收
益評價方法呢？

一、收益評價途徑的方法——企業價值評估

接下來，我們要繼續來探討評估企業暨無形資產價值的方
法——「收益途徑」。以「收益途徑」評估企業的價值時，重視的
是企業未來能夠創造出的價值，即以該企業未來的成長潛力、營業
收入及獲利能力為依據。該企業價值的高低，同樣也不只是其所擁
有的財產有多少，而是在於其未來的營業收入及獲利能力。企業未
來的營業收入及獲利能力越好，且其獲利的期間越穩定越長久，該
企業的價值就越高。

因為「收益途徑」放眼未來，強調投資報酬與前瞻性價值，所
以用以評估企業價值，相當受到評價業者、產業界及學術界一致的
肯定。因為新興企業例如生物科技、人工智慧或再生能源等產業，
短時間內雖然慘澹經營，但是未來能夠創造出的利益流量及價值，
當然不是帳面上的資產，而是看重該類型企業未來的成長潛力、營
業收入及獲利能力。

依據《評價準則公報》第十一號「企業之評價」第 18 條的定義：「收益法下常用之評價特定方法，包括利益流量折現法及利益流量資本化法。前項所稱之利益流量可能為各種形式之收益、現金流量或現金股利。評價人員採用收益法時應定義利益流量，並於評價報告中敘明。利益流量折現法係將預估之各期利益流量按適當之折現率予以折現。評價人員應採用與所定義之利益流量相對應之折現率。利益流量資本化法係將具代表性之單一利益流量除以資本化率或乘以價值乘數。評價人員應採用與所定義之利益流量相對應之資本化率或價值乘數。」

案例研習 25

✦ 因為評價人員小朱深信既然「現金流量折現法」是目前學術界一致公認為最具理論根據也是最合理的評價方法，因此就算受評企業未來的利益流量都呈現固定比率的成長，也應該可以採用現金流量折現法。如果您是評價分析師是否也認同小朱的看法。

前述之「收益法」、「評價特定方法」、「利益流量折現法」及「利益流量資本化法」同樣只是名稱的差異，其實就是我們所分別提到的「收益途徑」、「評價方法」、「現金流量折現法」及「收益資本化法」。接下來，我們就來介紹評價業者以「收益途徑」評估企業價值時，最常用的幾種方法：

（一）現金流量折現法（Discounted Cash Flow Method, DCF）

　　「現金流量折現法」，常用來評估證券的風險和預期報酬率、大型資本支出或企業之間的重大收購合併案件之成本效益。如果用來執行企業評價時，「現金流量折現法」的做法是將受評企業未來預期產生的現金流量，以適當的折現率予以折現成現值後，估算出該企業的價值。這個方法可以說是目前學術界一致公認爲最具理論根據、最合理的評價方法。因爲支持者認爲，所有收益只有「現金基礎」或「現金流量基礎」下的收益項目才是最適合當作評價未來收益的指標。關於「現金基礎」下的現金流量的種類，請讀者參閱前一個章節中第一節（二）所提到的現金基礎的收益。

　　接下來，讓我們一起來探討「現金流量折現法」：

1. **基本模型**：我們在上一個章節中曾提出所謂「折現率」就是將未來的利益流量轉換成現值的參數，也就是說，「折現率」所反映的是投資人所投入資金的機會成本，它是將投入的資金在未來預期所能夠產生的收益金額折算成現在的價值。

「現金流量折現法」基本模型如下：

$$V_0 = CF1 \div (1+r)^1 + CF2 \div (1+r)^2 + CF3 \div (1+r)^3 + \cdots + CFn \div (1+r)$$

CFt：在期間 t 產生的現金流量

r：折現率

n：受評企業或資產的經濟年限

從上面的式子中，我們知道折現率所代表的是投資人所投入資金的機會成本，也就是投資人所要求的報酬率；當投資的風險越

高，投資人所投入資金的機會成本也隨之變大，即投資人因爲承擔較高的風險所要求的報酬也會隨之變大。相對地，當投資的風險越高，折現率越大，受評企業或資產的價值或現值越低。

另外，當我們要評估的是企業整體的價值，就必須選用歸屬於企業整體的現金流量及企業整體的折現率；而我們如果要評估的是股東權益的價值，就必須選用歸屬於股東權益的現金流量及股東權益的折現率。

(1) 企業整體價值 $= \sum_{t=1}^{\infty}$（屬於企業整體的現金流量）t /

（1 + 加權平均資金成本）^{n}

$= \sum_{t=1}^{\infty} FCFFt \div (1 + WACC)^n$

WACC：加權平均資金成本（Weighted Average Cost of Capital）

FCFFt：企業在期間 t 產生的現金流量

加權平均資金成本是結合公司的股權成本與其所有舉債所發生的成本。這個方法也是眾所周知的折現率或資本化率估算方法。當評價人員面臨的評價案件是評估企業整體價值時，例如當評估企業合併或收購案件時，因爲買方的目的通常是爲了增加營業收入、降低營業成本或是取得某項具有前瞻性收益的價值，就很適合採用「現金流量折現法」。

(2) 股東權益價值 $= \sum_{t=1}^{\infty}$（屬於股東權益的現金流量）t /

（1 + 股東權益資金成本）^{n}

$= \sum_{t=1}^{\infty} FCFEt \div (1 + Ke)^n$

WACC：加權平均資金成本

FCFEt：企業在期間 t 產生的現金流量中歸屬於股東權益的部分

Ke：股東權益資金成本

2. **實務上常用的模型**：「現金流量折現法」在實務上最常被評價人員使用的是兩階段差異模型，這個模型之所以被稱為「兩階段差異」，是因為我們在基本模型中所提到的式子：

$$V_0 = \sum_{t=1}^{n} CFt \div (1+r)^n$$

受評企業剛開始呈現不明確的狀態，之後才進入穩定的狀態，因此，評價人員必須分別評估這兩個不同階段的現金流量。該模型之操作步驟如下：

⑴先估計受評企業未來五年（依業界常見做法）收益或現金流量，而且我們假設五年後，該企業開始進入穩定的狀態。

⑵估計五年後其他年度收益或現金流量的終值（Terminal Value），因為五年後（第 t 期）該企業已經開始進入成熟穩定的狀態。通常終值的價值估計是以第六年（第 t + 1 期）的收益或現金流量，再予以資本化後得出的。

　①針對受評企業的特性、風險高低、未來獲利及市場利率等資訊，估計並決定適當的折現率。

　②將第一階段未來五年的收益或現金流量，與第二階段的終值，以前一個步驟所估算的折現率折現，再相加之後即可得出受評企業的價值。

（二）收益資本化法

依據《評價準則公報》第十一號「企業之評價」第 24 條第 4

項及第 5 項的定義：「評價人員判斷未來永續期間各期利益流量皆按固定比率成長（減少）時，始得採用資本化率將該期間利益流量轉換為單一金額。評價人員使用資本化率時，應於評價報告中敘明如何判斷未來期間各期利益流量為永續及該成長（減少）率為固定。」

因此，評價人員採用「收益資本化法」（Capitalization of Earnings Method），來評估企業價值時，應該先判斷並確認受評企業未來永續期間各期利益流量是否皆按固定比率成長。因為，要使用「資本化法」的條件其實不算是很簡單，而且它無法用來評估比較複雜、多變化型態的未來收益。

依據《評價準則公報》第十一號「企業之評價」第 18 條第 4 項的定義：「利益流量資本化法係將具代表性之單一利益流量除以資本化率或乘以價值乘數。評價人員應採用與所定義之利益流量相對應之資本化率或價值乘數。」

我們來回顧前一章在「資本化率」這個章節所講到的例子：某一家受評企業每年可以產生 150 萬美元的收益，假設評價人員推估該企業資本化率為 20%，我們很快的就可以粗略得出一個估算的企業價值為 750 萬美元。也就是說，當我們判斷並確認受評企業的收益每年可以按固定比率成長（本例中該企業每年收益 150 萬美元、零成長），然後再以一個合適的資本化率（假設本例的資本化率為 20%），將該項收益資本化，即可得出「收益資本化法」的簡單公式了。

$$企業價值（Vt）= CFt / Ct$$

CFt：受評企業在期間 t 的現金流量或收益

Ct：在評價基準日的期間 t 資本化率

　　另外，我們要提醒讀者在使用「收益資本化法」時，必須先剔除受評企業非常態、偶發性的業外收益項目，才能更加精確的掌握以避免錯誤。因為，非常態的業外收益將導致受評企業收益的虛增，虛增的收益再予以資本化之後，所估計出的企業價值當然更加不合理了。

二、收益評價途徑的方法──無形資產價值評估

　　依據《評價準則公報》第七號「無形資產之評價」第 19 條之規定，「評價人員評價無形資產時，常用之評價特定方法包括：收益法下之超額盈餘法、增額收益法及權利金節省法」。

　　上述之「評價特定方法」及「收益法」同樣只是名稱的差異，其實就是我們所分別提到的「評價方法」及「收益途徑」。

　　接下來，我們將參照《評價準則公報》第七號「無形資產之評價」之第 22 條至第 24 條的規定，將選擇以「收益途徑」評估無形資產的價值時，最常用的幾種評價方法依序介紹給讀者。

（一）超額盈餘法

　　依據《評價準則公報》第七號「無形資產之評價」第 22 條規定：「超額盈餘法係排除可歸屬於貢獻性資產之利益流量後，計算可歸屬於標的無形資產之利益流量並將其折現，以決定標的無形資產之價值。超額盈餘法通常適用於客戶合約、客戶關係、技術或進行中之研究及發展計畫之評價。」

　　如上述準則指出，我們在第貳章「無形資產的分類」裡也曾提

到過一般商業無形資產，通常是由企業在正常的營業活動所產生，包含客戶關係、供應商關係、受過訓練的工作團隊、證照與許可證、企業作業系統、內部作業程序及公司的內部帳簿等。雖然這些類型的無形資產並不像智慧財產權有法律保護，但是不可否認的它們確實是可辨認的、且具有未來經濟效益的，完全符合無形資產的定義。

另外，依據《評價準則公報》第七號「無形資產之評價」第 44 條的規定：「評價人員採用超額盈餘法評價無形資產時，至少應進行下列步驟以評估標的無形資產之各期超額盈餘：

1. 預估標的無形資產與相關貢獻性資產產生之全部收入及費用。
2. 辨認可能存在之各項貢獻性資產。
3. 逐項估計貢獻性資產之要求報酬。
4. 自預估收入減除相關費用後之淨額，再減除貢獻性資產之要求報酬。」

第 45 條的規定：「評價人員採用超額盈餘法評價無形資產時，至少應決定下列評價輸入值：

1. 使用標的無形資產之企業或資產群組之預估利益流量總額。
2. 所有貢獻性資產計提回報。
3. 將可歸屬於標的無形資產之預估利益流量轉換為現值之適當折現率。
4. 標的無形資產可適用之租稅攤銷利益。」

第 46 條的規定：「評價人員評價進行中之研究及發展計畫、客戶關係、客戶合約或其他性質特殊之無形資產時，若無可類比交易或無法辨認可單獨歸屬於該無形資產之利益流量，則應優先採用超額盈餘法。若存在兩項以上前述資產時，評價人員應確認何項資

產最適用超額盈餘法，而其他該等資產則應採用其他方法評價，並據以決定其他該等資產之計提回報；評價人員亦得採用利潤分割法，並據以合理分配利益流量於該等資產，惟應於評價報告中具體說明各該等資產利益流量之相對貢獻度。」

（二）增額收益法

依據《評價準則公報》第七號「無形資產之評價」第 23 條的規定：「增額收益法係比較企業使用與未使用標的無形資產所賺取之未來利益流量，以計算使用該無形資產所產生之預估增額利益流量並將其折現，以決定標的無形資產之價值。」

除此之外，依據《評價準則公報》第七號「無形資產之評價」第 56 條的規定：「評價人員採用增額收益法時，若評價案件之價值標準為市場價值，則應考量下列評價輸入值：1. 市場參與者使用標的無形資產所預期產生之各期利益流量。2. 市場參與者未使用標的無形資產所預期產生之各期利益流量。3. 適用於預估各期之增額利益流量之適當資本化率或折現率。若評價案件之價值標準非為公平市場價值，則評價人員應判斷是否須將企業特定因素納入考量。」

第 57 條的規定：「增額收益法之關鍵輸入值為預估增額利益流量。預估增額利益流量為下列兩者之差額：1. 使用標的無形資產可達成之利益流量。2. 未使用標的無形資產可達成之利益流量。估計預估增額利益流量時，至少應考量下列項目：1. 擁有標的無形資產之個體使用該無形資產之活動。2. 使用相同或類似無形資產之其他個體，且相關資訊可公開取得者。3. 參考資料來源，即參考資料係來自公開或評價人員專有之資料庫。4. 可得之研究報告。」

（三）權利金節省法

依據《評價準則公報》第七號「無形資產之評價」第 24 條的規定：「權利金節省法係經由估計因擁有標的無形資產而無須支付之權利金並將其折現，以決定標的無形資產之價值。前項之權利金係指在假設性之授權情況下，被授權者在經濟效益年限內須支付予授權者之全部權利金，並經適當調整相關稅負與費用後之金額。」

此外，依據第 60 條的規定：「評價人員採用權利金節省法評價無形資產時，應估計若該無形資產係被授權使用而應支付之全部權利金。全部權利金可能包括：1. 連結利益流量（例如營業額）或其他參數（例如銷售單位數）之持續性金額。2. 未連結利益流量或其他參數之特定金額（例如依研發階段支付者）。計算權利金時，評價人員應設定權利金率及未連結利益流量或其他參數之特定金額，並列為關鍵輸入值。」

第 61 條的規定：「評價人員採用權利金節省法時，至少應考量下列評價輸入值：1. 權利金率及相關參數之預測值。2. 所設定之權利金支付金額可節稅之比率。3. 由授權者負擔之行銷成本及其他資產使用成本。4. 折現率或資本化率。5. 標的無形資產之租稅攤銷利益。」

折價與溢價調整

案例研習 26

✦ 某日，林評價分析師指導評價團隊成員進行評價案件之折
價與溢價調整，以下是折價與溢價必須考量的重要議題：
1. 因國內缺乏足夠的數據以及資料庫，實務上一般採用國
外資料庫作為參考依據。
2. 除資料庫外，控制權折溢價可參考近期公開收購案，欲
取得控制權之公司所願意付出的收購價相對於市價之溢
價幅度。
3. 除了資料庫查詢外，尚可透過選擇權評價模型計算出保
持同樣股價所需付出的賣權價值。

一、折、溢價調整的觀念

曾經有學生問到：「不是已經做財務報表常規化調整了，為什
麼還要折、溢價調整呢？」我們在本書第六章所介紹的「財務報表
常規化調整」，是將受評價標的之不真實及不合乎同產業常規的部
分進行調整，而本章則是針對價值的初步結果所進行的調整。

（一）折價或溢價調整

執行評價過程中，常常會因為價值標準與評價方法的差異而影
響到價值的結果，因此，必須進行折價或溢價調整，才能作出更加
精確的評價結論，達成委託方的要求。

　　一般而言，評價業界大概都會假設有四種不同的價值標準：投資價值或策略價值、具控制權價值、市場流通性佳的少數股權價值及市場流通性不佳的少數股權價值（如下表 13-1 所示）。是否注意到，價值標準最高的是投資價值而不是公平市場價值呢？因為在正常情況下，投資方基於特殊的投資或策略目的，所願意付出的價格通常會比一般的交易情況下還要高出許多。

表 13-1　不同價值標準情況下企業股權

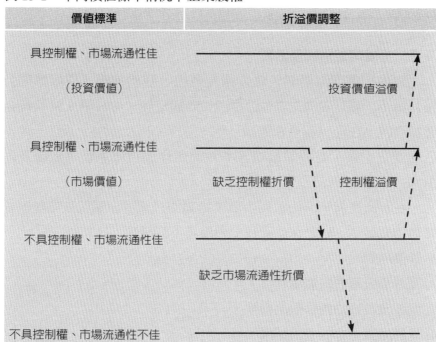

　　例如如果您承接的委託案件是一家未公開發行的公司（不具控制權、市場流通性不佳），即股票比較不容易變賣或必須耗費較長的時間才能變賣出去，但是，因為您所選用的市場評價方法

的對照公司卻是一家上市或上櫃的公司（不具控制權、市場流通性佳），兩者之間最大的差異就是所謂的「市場流通性」或「變現性」，所以就必須進行市場流通性折價的調整。

另一方面，如果您承接的委託案件是一家具有控制權的已公開發行的公司（具控制權、市場流通性佳），即該公司的股權是具有控制權的多數股權，但是，因為您所選用的市場評價方法的對照公司卻是不具有控制權的已公開發行的公司（不具控制權、市場流通性佳），因此兩者之間最大的差異就是所謂的「控制權」，所以就必須進行控制權溢價的調整。

（二）折價或溢價調整因素

關於折價或溢價調整之依據及理由，我們依據《評價準則公報》第十一號「企業之評價」第 15 條的定義：「評價人員執行企業評價時，在形成價值結論前，應考量控制權及市場流通性等因素對評價之影響，並於評價報告中敘明所作溢折價調整之依據及理由。」

在評價業界，一般認為對價值結論的折價或溢價調整幅度產生影響因素很多，我們在此大致上列舉出下列幾項：

1. 評價目的。
2. 受評價股權的附屬權利
3. 受評價股權的轉移限制條款。
4. 受評個案企業的股權結構。
5. 受評個案企業的管理團隊。
6. 受評個案企業的規模大小。
7. 受評個案企業的股份大小。
8. 少數股權持有人的實質控制力。

9. 受評個案企業過去配股策略、買回庫藏股權等資訊。

10. 受評個案企業財務結構、獲利穩定度等資訊。

11. 受評個案企業是否具有潛在的投資效益。

12. 市場對受評個案企業所屬產業未來發展的預期。

（三）折價或溢價計算

　　執行評價過程中，如果面臨必須進行折價或溢價調整時，我們應該如何計算折價或溢價調整後的價值呢？為了讓讀者更進一步瞭解計算過程，特別舉例如下表 13-2 所示。

表 **13-2**

折、溢價調整幅度	調整計算過程
缺乏控制權折價（30%）	(1 – 30%)
缺乏市場流通性折價（20%）	(1 – 20%)
折價或溢價計算	1 – [(1 – 30%)×(1 – 20%)]
全部的折價或溢價幅度	1 – (70%×80%)
	1 – (0.7×0.8)
	44%

二、控制權與折、溢價調整

　　如前一個章節所提到的例子：承接的評價案件是一家具有控制權的已公開發行的公司，該公司的股權就是具有控制權的多數股權。擁有多數股權究竟有什麼好處呢？究竟能夠帶來多少潛在的利益呢？根據評價業界一般公認，擁有多數股權對維持控制力的價值，大致上可以歸納為下列幾個項目：

（一）制定公司政策及影響公司營運。

（二）指派管理階層及決定管理階層的津貼福利。

（三）取得及處分公司的營運資產。

（四）選擇供應商。

（五）決定公司改組：

　　　1. 與其他企業合併或收購其他企業。

　　　2. 公司出售。

　　　3. 公司清算。

　　　4. 公司重新增資改組。

　　　5. 公司初次公開發行。

（六）出售或買回庫藏股。

（七）決定股利配發政策。

（八）制定或修改買賣合約。

（九）阻止以上行為的發生。

　　從上述幾個項目看來，我們可以進一步瞭解，為什麼有些大股東要想方設法擁有多數股權了，也應該會認同為什麼具有控制權的股權，比不具有控制權的少數股權的價值要高出許多了。

　　另一方面，我們不免好奇想問：既然具有控制權的股權，比不具有控制權的少數股權的價值要高出許多，那麼持有少數股權不就沒什麼價值了嗎？一般來說，少數股權相對於具有控制權的股權確實比較沒有價值。美國評價業界對少數股權折價有一個慣用的名詞稱為 Minority Interest Discounts 或是缺乏控制權折價（Discount for Lack of Control），既然被稱為少數股權，是不是持有的股權不超過 50% 的話，對企業就沒有控制力或是就沒有影響企業經營決策的控制權了呢？

案例研習 27

✦ 假設小馬持有某公司 2% 的股權，且該公司另外兩位大股東老鄭和老莊各自持有 49% 的股權，也就是說，這兩位大股東總共持有該公司 98% 的股權。如果老鄭和老莊想要爭奪該公司的經營權，那麼小馬所持有 2% 股權的價值是否應該做溢價調整呢？兩人遂就此問題就教於陳評價分析師。如果您是陳評價分析師該如何回答。

　　我們可以進一步舉例說明，持有少數股權是否真的沒什麼價值。假設張三持有某公司 20% 的股權，如果其餘 80% 的股權為 100 位股東所持有，那麼張三不見得對該公司不具有控制權。我們再以案例研習 27 說明，假設小馬持有某公司 2% 的股權，該公司兩位大股東各自持有 49% 的股權，也就是說，這兩位大股東總共持有該公司 98% 的股權，此刻，如果這兩位大股東想要爭奪經營權，那麼小馬所持有 2% 的股權價值也就水漲船高了，股權價值的高低完全取決於股權的分散或是集中情況、公司法、公司章程及後面案例中的兩位大股東是否有意願取得該公司的主控權而定。

三、價值標準與控制權折、溢價調整

　　關於「價值標準」，我們在第三章曾經提及，依據《評價準則公報》第四號「評價流程準則」第 16 條中所指出的五種「價值標準」：

（一）市場價值（Market Value）

係指在常規交易下，經過適當之行銷活動，具有成交意願、充分瞭解相關事實、謹慎且非被迫之買方及賣方於評價基準日交換資產或負債之估計金額。

（二）衡平價值

係指具有成交意願且充分瞭解相關事實之特定交易雙方間移轉資產或負債之估計價格，該價格反映了交易雙方各自之利益。

（三）投資價值（Investment Value）

係指特定擁有者（或預期擁有者）就個別投資或經營目的持有一項資產之價值。此價值標準係反映擁有者持有該資產可獲取之利益。

（四）含綜效之價值

係兩項以上資產或權益結合後之價值，該價值通常大於單項資產或權益之價值之合計數。若該綜效僅有特定之買方可取得，則含綜效之價值將大於市場價值，即含綜效之價值將反映資產之特定屬性對特定買方之價值。

（五）清算價值

係一企業或資產必須出售（在非繼續經營或使用之情況）所會實現的金額。清算價值之估計應考量使資產達到可銷售狀態之成本及處分成本。清算價值之決定可基於下列價值前提之一：

1. 有序清算：於合理行銷期間內處分之情境。
2. 被迫出售：需於較短行銷期間內處分之情境。評價人員應揭露所假設之價值前提。

　　在評價的應用中，評價人員必須先確實瞭解評價案件所選用的價值標準的眞正意義，才能再進行折、溢價調整。選用不同的價值標準，對價值結論的影響及最後折、溢價調整的方向，大致上可以歸納爲下表 13-3 幾種情況：

表 13-3

價值標準	股權的控制力	受評價股權的控制力	調整方向
投資價值	具控制權的股權	具控制權	不調整
		不具控制權	折價調整
市場價值	不具控制權的股權	具控制權	溢價調整
		不具控制權	不調整
衡平價值	不具控制權的股權	具控制權	溢價調整
		不具控制權	不調整

四、評價方法與控制權折、溢價調整

　　在第九章至第十二章裡，我們介紹了評價業界常用的幾種評價方法，包括從資產、市場及收益等三種視角所導出之評價方法。其實，在執行企業評價時，我們都會針對受評價企業的股權性質與結構，作出是否具有控制權及是否具有市場流通性的評估。因爲，這兩大因素，終究可以改變受評價企業的價值結果。同樣地，評價人員必須先確實瞭解評價案件所選用的評價方法背後的眞正意義，才能再進行折、溢價調整。選用不同的評價方法，對價值結論及折、溢價調整的方向，大致上可以歸納爲下表 13-4 幾種情況：

表 13-4

評價方法	股權的控制力	受評價股權的控制力	調整方向
資產法	假設具控制權的股權	具控制權	不調整
		不具控制權	折價調整
市場法	通常是市場流通性佳但不具控制權的股權	具控制權	溢價調整
		不具控制權	不調整
收益法	具控制權的股權	具控制權	不調整
		不具控制權	折價調整
	不具控制權的股權	具控制權	溢價調整
		不具控制權	不調整

五、市場流通性與折、溢價調整

　　美國國稅局（Internal Revenue Service, IRS）[1]的稅務規範 Revenue Ruling 77-287 對缺乏市場流通性折價作出以下的註解：「對投資大眾來說，在公開市場上交易的債券通常要比未公開發行或交易的債券更具有價值。」

　　市場流通性就是受評企業股權，是否能夠公開市場上售出換取現金的難易程度，也就是變現能力。越容易售出換取現金的股權，市場流通性當然就越好；或是說，必須折價賣出才能夠在短期間售出換取現金的股權，它的市場流通性就越差，可能就要進行缺乏市

---

1. 1862 年起設立，總部位於華盛頓特區，隸屬於美國財政部，是美國聯邦政府負責稅收的機關。IRS 在打擊偷稅漏稅的情況下發揮了重大作用。詳細資料內容可上網查閱 IRS 網址 http:// www.irs.gov。

場流通性折價調整。

影響市場流通性及程度大小，大致上可以歸納為下列幾種情況：

（一）**限制條款**：某些公司會制定限制股東轉移股權交易的合約或條款，這樣的限制當然會影響股權交易的市場流通性，因此也會降低企業或股權的價值。

（二）**股利政策**：經常會發放股利（現金或股票股利）的公司，比較容易吸引投資大眾的興趣，它的市場流通性當然會比不發放股利的公司還要好。

（三）**公開發行計畫**：有意朝股票在公開市場上發行的公司，也比較容易吸引投資大眾的興趣，它的市場流通性當然會比較好。

（四）**公司資訊透明度**：實證研究報告顯示，企業資訊透明度佳、願意主動對社會大眾揭露重大訊息的公司，它的市場流通性也會比較好。

（五）**賣回權（Put Option）**：某些企業的股權附帶有賣回權，因為投資大眾可以將股權以原先公告或談妥的價格賣回給該企業，當然會提高它的市場流通性。

（六）**潛在的買方**：某些企業可能具有特定的投資效益或潛在的獲利性，因此也會提高它的市場流通性。

（七）**股權規模大小**：實證研究報告顯示，要售出較高比例的股權或是交易總金額較高的股權，市場流通性反而較差。

美國因為股權及債券的交易量較大，因此有不少的研究機構專門研究一般在公開市場上交易的股票與未登記或尚未在公開市場上買賣的股票之間價格的差異，推測因為缺乏市場流通性，應該予以

折價的幅度，進一步整理出市場流通性所具有的價值。

　　根據 Pratt, Shannon[2] 在《*Valuing a Business: The Analysis and Appraisal of Closely Held Company*》一書中所整理的資料顯示，一般投資大眾對缺乏市場流通性的股權會採取的折價調整，折價的幅度大約在 23% 至 45% 之間。

六、其他的折價調整

　　在進行不具控制權及缺乏市場流通性折價調整之後，我們要繼續探討其他影響企業價值的因素，這些因素通常與受評價企業本身的特性有關。

（一）股權轉移限制折價

　　限制企業股權的正常轉移，大致上可以歸納為下列幾種因素：

1. 流通在外股權規模大小。
2. 每天股權交易規模大小。
3. 股價的變動幅度。
4. 經濟及產業趨勢。
5. 市場在不影響到股價情況下對特定股票消化的時間。
6. 私人布局。
7. 財團承銷。

---

2. Pratt, Shannon 是商業及評價界活躍的傳奇人物，很多人在美國全國認證企業價值分析師協會（NACVA）、商業評估師協會、美國認證會計師協會（AICPA）等眾多會議上遇到過 Shannon。他親自或通過他的許多書籍、出版物、教學和演講，為美國和世界各地的數千名商業評價師提供幫助。

　　評價人員必須審慎考量所有會影響企業股權轉移的可能因素，再選擇適當的折價幅度。並非轉移受限制的股權越大，選擇折價的幅度就一定越大。

（二）關鍵人士折價

　　企業如果過度倚賴少數關鍵人士，當這些人發生意外或是跳槽，該企業受到的影響自然會比一般企業還大，因此，它的價值就會受到影響。

（三）關鍵客戶折價

　　企業如果過度倚賴少數客戶，當這些客戶選擇砍價、更換供應商，該企業受到的風險自然會比一般企業還大。

（四）特定供應商折價

　　如果企業的零組件或是原物料過度倚賴少數供應商，其議價的能力當然會降低，該企業的價值就會受到影響。

十四

評價報告的製作

案例研習 28

✦ 評價分析師老王因為長期失眠精神不佳，不慎在出具評價
　報告時誤將詳細報告做成簡明報告，導致委任方公司憤而
　提告，如果您是評價分析師老王的顧問律師，會建議如何
　處理？

一、會計研究發展基金會制定之評價準則

　　在一系列的工作，例如評價委任書簽訂、實地訪查、受評個案
的研究與資料蒐集、經濟產業及市場等趨勢分析、評價方法的評估
及選擇、作出價值結論等執行完畢之後，緊接著評價人員及其所隸
屬之評價機構，就要準備出具評價報告書了。目前在台灣，主管機
關對評價報告書的格式並沒有一定的標準格式規範，也就是說，台
灣的評價業者各自有自己版本的評價報告書，讀者對於評價報告書
到底要涵蓋哪些內容、出具評價報告書必須具備什麼資格、評價報
告書是否一定要有書面的形式等問題，更是霧裡看花。雖然這並不
是一個好的現象，但是在這個科技的年代，相信不久的將來評價業
界勢必要跟隨著國際化的浪潮而有所調整。

　　值得慶幸的是，近年來坊間也陸續出現越來越多的評價相關的
培訓、認證課程或是半官方的研討會、說明會、座談會等活動，表
示台灣的評價專業已經逐漸受到政府相關主管機關及民間產業、學

術團體的參與及關注。

　　會計研究發展基金會爲了使評價人員及其所隸屬之評價機構在出具評價報告時，能夠有一個遵循的依據，特別制定了「評價報告準則」。有關評價報告詳細之條文內容請參閱附錄一。

二、中華企業評價學會企業評價執業準則

　　中華企業評價學會於 2001 年成立，爲一學術社團法人，成立目的著重於推廣企業評價學術活動，包括贊助學術研究建立企業價值評價模式及系統、配合政府推廣知識經濟和企業評價活動、舉辦有關企業評價與知識經濟講座活動，以及出版刊物、文宣品等宣導企業評價及知識經濟。

　　該學會於 2006 年制定《企業評價執業準則》，目的是規範學會的會員在執行評價業務所應遵循的基本工作規範，詳細資料內容讀者可以上網查閱中華企業評價學會網址 http://www.valuation.org.tw/。該執業準則將評價工作大致上分爲下列之四大步驟：

（一）**委任關係的建立**：除了與委託人初步討論以便瞭解評價的目的並確認是否決定接受委任案件之外，在這個步驟還要先瞭解委託人的需求、評估報告完成的時間及經費是否足夠等問題。

（二）**初步研究與資料蒐集**：接受委任案件之後，便可以寄發資料需求通知函並核對所取得的資料是否完整、正確，並要求親自前往受評企業做實地訪查。另一方面，開始著手進行資料的研究與總體經濟分析、產業及相關同業分析，在這個階段

還是要隨時與客戶保持聯繫。

（三）全面分析：這個階段開始要對受評企業做全面的財務及非財務資料分析，並針對與該企業相關的經濟、產業及相關同業因素做細部分析，還是要隨時與客戶保持聯繫，並告知我方的工作進度。

（四）作出價值結論與評價報告：這個階段必須依據上一個階段的分析並考量經濟、產業環境因素確定出適合的評價方法，接著考量控制權及市場流通性因素做必要的折、溢價調整，接下來，綜合所有資訊作出價值估計，再次檢驗價值估計的合理性，與客戶保持聯繫，並以口頭告知評價報告的初稿，最後，出具正式的書面評價報告。

三、美國評價準則介紹

（一）美國鑑價基金會 [1]（The Appraisal Foundation）

　　台灣民間的學術社團學會、協會或評價業者，制定評價相關準則或規範時，經常以美國鑑價基金會的規範作為參考依據。該基金會主要是由下列兩個委員會所組成：

1. 鑑價標準委員會（Appraisal Standards Board）：其主要職責是建立一般公認的評價專業標準。該委員會所頒布的「鑑價標準」，稱之為 Uniform Standards of Professional Appraisal

---

1. 美國鑑價基金會會址位於美國華盛頓特區，該會設立宗旨是規範評價專業產業的發展。該基金會其他相關訊息內容，讀者可以自行上網查閱 https://www.appraisalfoundation.org。

Practice，簡稱爲 USPAP。評價界公認該委員會的地位就如同是會計界的財務會計準則委員會（FASB）。

該委員會在「鑑價標準」中指出，不論鑑價報告的形式是口頭報告或是書面報告，不論評價對象是有形、無形、企業體、股權或資產，報告都必須符合下列基本要求：

⑴明確、準確的進行評價分析，不要產生誤導的情形。

⑵涵蓋充分足夠的資訊，使得收到或使用該報告的人可以正確瞭解其情形。

⑶明確、直接的揭露所有在分析過程中所設定的假設或限制條件，並且明確的指出這些假設或限制條件對鑑價結果的可能影響。

2. 鑑價人員資格審核委員會（Appraiser Qualification Board）：
其主要職責是建立評價專業人員所應具備的教育、經驗、考試等的最低標準，這樣的標準稱之爲 Appraiser Qualification Criteria，簡稱爲 AQC。

（二）美國全國認證企業價值分析師協會（National Association of Certified Valuation Analysts）

簡稱爲 NACVA，是美國全國性的民間組織，該委員會由通過認證的會員及一般會員所組成，是目前在美國推動企業評價專業最積極且最有成效的專業組織。

該協會在所提出的專業標準（NACVA Professional Standards）中的報告準則（Reporting Standards），特別規範會員在製作評價報告時，必須注意及遵循的幾項基本原則，列示如下供讀者參考：

REPORTING STANDARDS

A. GENERAL

A member shall comply with these Reporting Standards when expressing a Conclusion of Value or a Calculated Value. The objective of these Reporting Standards is to ensure consistency and quality of valuation reports issued by members of NACVA. The purpose of these Reporting Standards is to establish minimum reporting criteria.

B. FORM OF REPORT

The form of any particular report should be appropriate for the engagement, its purpose, its findings, and the needs of the decision-makers who receive and rely upon it. The purpose of these Reporting Standards is to establish minimum reporting criteria. The report may be written or oral.

C. CONTENTS OF REPORT

A report expressing a Conclusion of Value may be presented in either a Summary or Detailed Report. A Calculated Value must be presented in a Calculation Report. The member should disclose the report type (Detailed, Summary, or Calculation).

1. Detailed Reports

   Detailed Reports must be coherent, supportable, and understandable. A detailed report should include, as applicable, the following sections titled using wording similar in content to that shown:

   (a) Letter of Transmittal

   (b) Table of Contents

   (c) Introduction, may include:

⑴ Identification of the subject being valued

⑵ Purpose and use of the valuation

⑶ Description of the interest being valued

⑷ Ownership size, nature, restrictions and agreements

⑸ Valuation date

⑹ Report date

⑺ Standard of Value and its definition

⑻ Identification of the premise of value

⑼ Scope limitations

⑽ Material matters considered

⑾ Hypothetical conditions/assumptions and the reason for their inclusion

⑿ Disclosure of subsequent events considered

⒀ Reliance on a specialist

⒁ Denial of access to essential data

⒂ Jurisdictional exceptions and requirements

(d) Sources of information

(e) A description of the fundamental analysis, may include:

⑴ Historical financial statement summaries

⑵ Adjustments to historical financial statements

⑶ Adjusted financial statement summaries

⑷ Projected/forecasted financial statements including the underlying assumptions

⑸ Non-operating assets and liabilities

⑹ Valuation approaches and method(s) considered by the member

⑺ Valuation approaches and method(s) utilized by the member

⑻ Other items that influence the valuation

⑼ Site visit disclosure

⑽ Reconciliation of estimates and conclusion of value

(f) Identification of the assumptions and limiting conditions

(g) Representation of the member, may include:

　⑴ Client identification and limitations on use of report

　⑵ Disclosure of any contingency fee

　⑶ A statement of financial interest

　⑷ Whether or not member is obligated to update the report

　⑸ Responsible member signature-the member who has primary responsibility for the determination of value must sign or be identified in the report

(h) Qualifications of member

(i) Appendices and exhibits

2. **Summary Reports**

Summary Reports should set forth the Conclusion of Value through an abridged version of the information that would be provided in a detailed report as outlined in (C.1.a) through (C.1.i) as applicable, and therefore, need not contain the same level of detail.

3. **Calculation Reports**

A Calculation Report should set forth the Calculated Value and should include the following information.

(a) Introduction, may include:

　⑴ Identification of the subject interest

(2) Purpose and use of the calculation

(3) Description of the interest being valued

(4) Ownership size, nature, restrictions and agreements

(5) Calculation date

(6) Report date

(7) Scope of work

(8) Calculation Procedures

(9) Hypothetical conditions/assumptions and the reason for their inclusion

(10) Disclosure of subsequent events considered

(11) Reliance on a specialist

(b) Identification of the assumptions and limiting conditions

(c) Representation of the member, adapted to a calculation report

(1) Client identification and limitations on use of report

(2) Disclosure of any contingency fee

(3) A statement of financial interest

(4) Whether or not member is obligated to update the report

(5) Responsible member signature-the member who has primary responsibility for the determination of the calculated value must sign or be identified in the report

(d) Appendices and exhibits

(e) Purpose of the calculation procedures;

(f) Statement that the expression of value is a Calculated Value; and

(g) A general description of the calculation, including a statement

similar to the following:

"This Calculation Engagement did not include all the procedures required for a Conclusion of Value. Had a Conclusion of Value been determined, the results may have been different."

4. **Statement that the Report is in Accordance with NACVA Standards**

A statement similar to the following should be included in the member's report: "This analysis and report were completed in accordance with 'The National Association of Certified Valuators and Analysts' Professional Standards."

四、評價報告基本架構

　　我們在檢視國內外重量級的評價專業機構之後，相信讀者也可以嘗試歸納出評價報告基本架構或是評價必要的程序與步驟。雖然目前主管機關對評價報告書的格式還沒有一定的標準規範，但是，一份完整的評價報告書可以看出評價人員的專業能力與可信度，因此，評價人員在執行完一系列的評價工作之後，當然必須用心完成評價報告書的製作。

　　或許「完整的評價報告書」沒有一定的要求或標準，但是至少應該將所有會影響到受評價企業或資產的因素，徹頭徹尾蒐集相關資訊、作出研究分析、敘述分析結果、選用一種或多種合理適當的評價方法、依據價值標準或評價方法或其他特定因素做必要的折價或溢價調整、再將種種影響價值判斷的因素轉化成量化的價值結論。

　　我們十分鼓勵讀者可以嘗試擬出自己獨家版本的評價報告基本架構，因為這個做法不但可以自我省思評價工作的品質與嚴謹度，還可以作為評價工作執行的進度檢核表。我們認為評價報告基本架構，至少要包含下列幾項內容：

（一）清楚描述受評價個案的內容、範圍及各項限制條件

1. 受評價個案的對象是企業整體？或是部分有形資產或無形資產？
2. 受評價個案是企業全部的股權？或只是部分股權？
3. 受評價個案是企業全部的股權？或只是部分股權？
4. 所出具的評價報告是詳細報告？或只是摘要報告？
5. 評價基準日及評價報告日。
6. 價值標準及價值前提。
7. 假設及限制條件。

（二）完整描述受評價個案主體的詳細資訊

1. 受評價個案如果是企業，應該詳細介紹企業的歷史、業務範圍、主要產品、主要客戶及供應商、市場占有率及通路、研究發展的方向與策略、是否有其他合約或訴訟等資訊。
2. 受評價個案如果是有形資產或無形資產，應該詳細描述其特性、功能、應用範圍及經濟效益年限等資料。

（三）敘述、分析所有影響受評價個案的經濟因素

1. 國際經濟趨勢分析。
2. 國內經濟趨勢分析。
3. 所屬產業及市場趨勢分析。
4. 上述分析對受評價個案的影響。

（四）客觀的分析、評估受評價個案的財務相關資料

1. 財務報表常規化調整。
2. 財務報表分析：

　⑴同基分析。

　⑵財務比率報表分析。

　⑶產業趨勢比較分析。

3. 所屬產業及市場趨勢分析。
4. 依據上述分析結果，對受評價個案的營運管理、資產配置、財務結構、未來成長性及獲利能力作出評估。

（五）評估、選用評價方法

　　依據評價目的並考量其他影響評價的因素之後，審慎的評估、選用一種或多種適當合理的評價方法。

（六）計算受評價個案的價值

1. 依據所選用的評價方法，計算受評價個案的價值。
2. 依據價值標準、評價方法或其他特定因素做必要的折價或溢價調整。
3. 算出價值結論。

（七）附上評價人員個人資料、證照

　　包括評價人員學歷、經歷、受過的專業訓練課程、通過的認證等資料。

（八）相關附件、表格

　　為了增加評價報告的可信任度，評價人員必須附上利率、通貨膨脹率、失業率、經濟成長預估等相關資料，這些資料的來源最

好是取自當地政府主管機關、中央銀行或其他具有權威性的研究機構，並當作評價報告的附件或附加表格。

（九）工作底稿

　　因為評價報告的目的通常與買賣交易、法務訴訟、財務報導、稅務脫不了關係，因此，評價人員所出具的評價報告難免會面臨到法院、稅務單位或是公司大股東的挑戰。為了避免日後重新的麻煩，評價人員必須要將評價過程所產生的各種工作底稿、計算公式、調閱或蒐集到的文件、統計表等資料加以妥善保管，必要時可以予以分類歸檔，絕對不可以連同評價報告直接交給報告使用者或其他報告收受人。

五、評價報告的格式

（一）報告封面

Business Valuation Report of Full-Vision Optical
Technology Company Limited
Fair Market Value Standard
Date of Valuation: December 31, 2016
Report Date: November 30, 2017

（二）致委託人或委託公司函

November 30, 2017

RE: the Designator

Dear Mr. Tom Cruz

We have performed a valuation engagement, as that term is according to the Valuation Standards published and promulgated by National Association of Certified Valuators and Analysts (NACVA) .This report is to assist the Designator in making a fair and reasonable offer price to the Company. The resulting estimate of value should not be used for any other purpose or by any other party for any purpose. This engagement was conducted in accordance with NACVA. The estimate of value that results from a valuation engagement is expressed as a conclusion of value.

Based on our analysis, as described in this valuation report, the estimate of value of 100% of the common stock of Full-Vision Optical Technology Company Limited as of December 31, 2016 is:

$40,194,000 or $3.722 Per Share **(10,800,000 Shares Issued and Outstanding).**

And the estimate of value of total enterprise of Full-Vision Optical Technology Company Limited as of December 31, 2016 is:

> **$70,357,000**
>
> This conclusion is subject to the Statement of Assumptions and Limiting Condition found in Appendix A and to the Valuation Analyst's Representation found in Appendix B. We have no obligation to upgrade this report or our conclusion of value for information that comes to our attention after the date of this report.
>
> Ching-Hsin Lin, Principal Valuator
>
> ABC Company
>
> Taipei, Taiwan, ROC

（三）評價報告目錄

> **Business Valuation of Full-Vision Optical Technology Company Limited Table of Contents**
>
> **1. Description of Assignment**
>
> 1.1 Subject of the Valuation Assignment
>
> 1.2 Summary Description of the Subject
>
> 1.3 Purpose of the Valuation Report
>
> 1.4 Standard of Value
>
> 1.5 Premise of Value
>
> 1.6 Date of Valuation
>
> 1.7 Ownership and Control
>
> 1.8 Scope of the Engagement

8. Conclusion of Value

Appendixes

Appendix A   Valuation Analyst's Representations

Appendix B   Limited Conditions

Appendix C   Curriculum Vitae

Exhibits

Exhibit4-1   Balance Sheet

Exhibit4-2   Income Statement

Exhibit4-3   Historical Performance

Exhibit4-4   Historical Performance-Graph

Exhibit4-5   Common Size-Balance Sheet

Exhibit4-6   Common Size-Income Statement

Exhibit4-7   Normalized Operating Tangible Equity

Exhibit4-8   Normalized Income Statements

Exhibit4-9   The Company Business Enterprise Analysis-Assumption

Exhibit4-10 Identification of Intangible Assets

Exhibit4-11 The Company Valuation of R&D Team

Exhibit4-12 The Company Valuation of Trade Name

Exhibit4-13 The Company Valuation of Goodwill

Exhibit4-14 The Company Valuation Summary

Exhibit5-1   Comparable Public Traded Companies (Guideline Companies)

Exhibit5-2   Determination of Capitalization Rate

Exhibit5-3   Discounted Cash Flows Method

PART 4

評價案例綜合研習

武功祕笈

▶ 在台灣，主管機關對評價報告格式，是否有一定的標準或規範呢？

▶ 其他國家的主管機關對評價報告格式，是否有一定的標準或規範呢？

▶ 評價報告一定只能是書面的形式嗎？

▶ 坊間是否也有以口頭形式的評價報告呢？

▶ 一份完整的評價報告，您是否還遺漏了什麼呢？

▶ 職業道德的規範與優渥酬金的誘惑，您會選擇哪一邊呢？

▶ 依照評價準則公報的程序，是否就萬無一失呢？

企業評價案例綜合研習

案例研習 29

✦ 評價分析師 Dustin 正在執行某一項評價委任案件，在出具完整的評價報告書之前，評價團隊成員是否可以先行參考規定的評價報告書格式或是標準格式，以減省評價委任案件的執行時間呢？

一、企業評價案例

接下來，我們將在本章節為讀者介紹關於企業評價案例之釋例與解析。

（一）委任內容

評價案件委任人及評價報告收受者

評價案件委任人：Full-Vision Optical Technology Company Limited。

評價報告收受者：Full-Vision Optical Technology Company Limited（以下簡稱 FV 公司）。

（二）評價標的

FV 公司 100% 普通股股權（以下簡稱評價標的）。

（三）評價目的及指定用途

　　FV 公司擬出售其 100% 普通股股權，故本案之評價目的為交易目的。

（四）評價基準日

　　2016 年 12 月 31 日。

（五）價值標準

　　市場價值。

（六）價值前提

　　繼續經營。

（七）評價之假設及限制條件

1. 本公司僅就可類比公司之公開資訊與 FV 公司進行比較分析。
2. 企業評價係基於所取得之資料，設定某些假設條件而出具報告。本公司係使用目前一般接受之評價方法及評價流程，對 FV 公司 100% 普通股股權之價值表示意見，惟本公司未對最終之交易價格提供任何保證。
3. 本報告僅供 FV 公司基於本案之評價目的使用，非經本公司書面同意，不得提供予其他第三者使用，亦不得作為其他用途，本公司不對第三者負擔責任。
4. 本報告之評價基準日為 2016 年 12 月 31 日，本公司假設 FV 公司所處政經環境、利率、匯率與相關法規並無重大改變且產業發展符合預期，並未考慮非預期變化對 FV 公司股權價值之影響。本報告出具後，如實際情況變更，非經受任重新評估，本公司將不再更新。

5. 本公司依據財團法人中華民國會計研究發展基金會發布之《評價準則公報》第十一號「企業之評價」第 7 條之規定，已針對 FV 公司所提供之資訊（包括財務報告與其他相關資訊）及於公開市場可取得之資訊進行合理性評估，確認其來源之可靠性與適當性。惟基於受委任範圍，本公司並未對前述資訊依一般公認審計準則進行查核工作或依財團法人中華民國會計研究發展基金會發布之《確信準則公報》第一號「非屬歷史性財務資訊查核或核閱之確信案件」執行確信程序，故對其正確性或允當性無法提供任何程度之確信。

6. 本公司假設 FV 公司已向本公司揭露與其有關之訴訟、法規或命令及其他可能影響 FV 公司股權價值之事項。

（八）評價方法及評價執行流程

1. 本公司經考量本案之評價目的，FV 公司之產業特性、股權交易之市場流通性及所蒐集資料，並基於 FV 公司之股權價值主要來自於營運，且 FV 公司營運呈現穩定成長，選用收益法進行評價，並採用市場法之評價結果作為合理性檢驗之參考。

2. 本公司取得並分析與 FV 公司有關必要資訊，採用利益流量折現法將 FV 公司未來利益流量轉換為股權價值，另選用股價淨值比、本益比及股價營收比作為價值乘數，採用可類比上市上櫃公司法估計 FV 公司之股權價值進行合理性檢驗，本公司業已編製相關評價工作底稿並出具本評價報告。

（九）價值結論

　　FV 公司 100% 普通股股權於評價基準日之市場價值為 40,194 元。

（十）評價報告日

2017 年 11 月 30 日。

二、企業評價案例解析

（一）標的公司資訊

為保密考量，本節省略 FV 公司之詳細說明[1]。

1. 公司簡介：FV 公司是一家專業的光學投影機製造公司，公司專業從事各類光學投影機的研發、製造和銷售，擁有兩大產品線：商用投影機系列和家庭影院系列。應用 FV 公司開發和擁有的核心技術，公司可根據買家的要求，透過改變外觀和功能來設計和製造不同的產品系列。公司現在擁有自己的品牌名稱，並自行控制銷售管道。

2. 公司歷史。

3. 公司組織架構。

4. 公司管理團隊。

5. 公司產業發展計畫。

6. 市場產銷概況。

7. 公司 SWOT 分析。

---

1. 評價人員應蒐集之資訊及執行之基本分析請參考「無形資產評價中級能力鑑定寶典」第三章第一節「基本分析」。

（二）產業概況

1. 產業概述

　　公司的核心技術受到多項專利的保護，這些專利主要由包括研發部門負責人在內的 11 名成員組成的研發團隊開發。研發團隊的使命是透過延長現有產品的經濟使用壽命來改進現有產品，開發下一代產品線以取代現有產品線，並研究和開發與現有產品不同的新產品。除了 Optoma Technology 和 Planar Systems（PLNR）之外，市場上還有大約十幾家競爭對手提供類似的產品。爲保密考量，本節省略 FV 公司所處產業之詳細說明及分析。

2. 五力分析

　　省略。

3. FV 公司之競爭力積極發展願景之有利、不利因素與因應對策

　　公司的未來取決於其研發團隊能否成功開發新一代產品以取代舊產品，以及成功研發全新的產品以擴大其產品線。

　　爲了擴大現有產品線，公司大力研發全新的產品線，其中兩種產品即將進入商業化階段。新產品線主要集中在便攜式／袖珍型微型投影機系列。透過增加新的產品線，公司將有機會在不久的將來進入小螢幕行動裝置市場，如帶相機的智慧手機、數位相機、袖珍娛樂設備和袖珍 DVD 等。新產品線也爲公司未來在銷售和盈利能力方面的增長提供了機會。

　　爲了研究和開發新一代產品線，公司必須在研發活動中不斷投入金錢和精力。過去五年，每年的研發費用保持在銷售額的 8%～9% 的水準。根據研發部門的紀錄，過去三年，每年約 40% 的研發支出用於現有生產線擴展和全新產品線的研發活動。

（三）公司財務狀況

1. 財務報表

　　從資產負債表和損益表中獲取的財務資訊進行分析並與蒐集的行業數據進行比較，作為監控和比較目標公司的財務和運營實力的一種手段。透過規範化資產負債表和損益表，可以在目標公司與同一業務中的其他公司之間進行有效的比較。

2. 財務報表分析

　　財務分析是對公司財務狀況的檢查，以確定公司的表現如何。公司的財務狀況在一段時間內是否有所改善、惡化或保持不變。此外，財務分析需要分析目標公司的經營業績與其行業內的公司相比。將標的公司與其行業內的可比公司進行比較有助於評估標的公司是否比其所在行業的公司風險更大或更低。

⑴財務狀況

　　截至 2016 年 12 月 31 日，其資產負債表列示之帳面價值總資產約為 5,490 萬美元，股東權益約為 2,480 萬美元，淨固定資產約占總資產的 49.6%（截至 2016 年 12 月 31 日約為 2,730 萬美元，較 2012 年 12 月 31 日的 1,930 萬美元有所增加）。2012 年 12 月 31 日，FV 公司的應收帳款總額為 150 萬美元，截至 2016 年 12 月 31 日增至約 450 萬美元。公司的長期負債總額從 650 萬美元增加到約 2,220 萬美元，此乃歸因於工廠製造設備的擴充。此外，截至 2016 年 12 月 31 日，FV 公司未償還債務約為 470 萬美元。

　　公司的歷史業績顯示，收入從 1,760 萬美元穩步成長，達到 2016 年 3,650 萬美元的歷史新高。營運收入從 2012 年的 240 萬美元增加到 2016 年的 460 萬美元。同樣地，稅前收入從 210 萬美元增加到 400 萬美元。總營運費用（不包括折舊及攤銷）從 2012 年

的 460 萬元增至 2016 年的 930 萬元。

⑵同業財務比率分析

　　評估財務報表數據的常用技術是比率分析。財務比率是表示財務報表項目之間關係的分數。它們可用於與同行業的其他公司進行比較。

　　對標的公司與其同行進行比較的財務分析是評價過程中的有用步驟，並且在幾個方面都有說明。它可以透過突出顯示目標公司的財務業績與行業平均水準之間的差異，來識別財務資訊中的錯誤。它指出了標的公司與同行相比的比較優勢和劣勢。它還根據對可比行業數據和比率的分析，確定目標公司的潛在機會和威脅。

　　本報告以下各節比較分析中使用的選定數據的摘要。

　　一般來說，比率分析涉及衡量四個方面：①流動性；②經營能力；③償債能力；④獲利能力。這些比率可以與前幾年同一公司的同等數字進行比較，作為確定影響公司的積極和消極趨勢的一種手段。此外，這些比率通常代表標的公司相對於同行的地位。

　　①流動性

　　流動比率：流動比率的計算方法是流動資產除以流動負債。該比率表示可用於清算流動債務的流動資產數量或公司滿足其槓桿比率的能力，以衡量公司能夠履行其流動負債的義務，該比率越高，表示公司的流動性越佳。FV 公司的流動比率介於 2.1（2013 年）和 2.8（2016 年）之間。FV 公司目前的流動比率為 2.8，高於同產業的正常水準。

比率	公司別	2013/12/31	2014/12/31	2015/12/31	2016/12/31
	FV 公司	2.1	2.4	2.6	2.8
流動比	Q 公司	1.0	1.1	1.1	1.0
	C 公司	1.4	1.5	1.6	1.6

　　速動比率：速動比率又稱為酸性測試，計算方法是速動資產（可以快速轉換為現金的資產，例如現金、應收帳款和有價證券）除以流動負債，這通常被認為是對公司流動性更保守的估計。

比率	公司別	2013/12/31	2014/12/31	2015/12/31	2016/12/31
	FV 公司	1.6	1.8	1.6	1.4
速動比	Q 公司	0.7	0.7	0.8	0.7
	C 公司	1.2	1.3	1.3	1.1

②經營能力

　　經營能力所要表達的是該企業是否有效率的使用各項資產，或是該企業是否能夠有效率的管理並運用各項資產。財務人員可以發現，當一家企業能夠有效率的管理並運用各項有限的資產時，其獲利能力與償債能力也會因而提升。

應收帳款周轉率＝淨營業收入／平均應收帳款

比率	公司別	2013/12/31	2014/12/31	2015/12/31	2016/12/31
	FV 公司	5.5	8.4	9.1	8.2
應收帳款周轉率	Q 公司	8.6	6.1	5.0	5.1
	C 公司	3.9	3.9	3.4	3.0

$$應收帳款周轉天數＝ 365 ／應收帳款周轉率$$

　　較長的催收期（天數較長）不僅會給公司的短期流動性帶來壓力，而且還可能預示著巨大的壞帳損失。因此，收款期限越短，表示公司管理應收帳款的能力也越好。

比率	公司別	2013/12/31	2014/12/31	2015/12/31	2016/12/31
應收帳款 周轉天數	FV 公司	66	44	40	45
	Q 公司	43	60	73	71
	C 公司	94	95	107	120

　　FV 公司的平均催收期從最低 40 天（2015 年）到最高的 66 天（2013 年）之間，而行業平均催收期則是從 43 天至 120 天，這表示 FV 公司尚能即時收回應收帳款。

$$固定資產周轉率＝營業收入／平均固定資產$$

　　這個比率所要表達的是企業使用的固定資產是否能夠產生或創造出合理的營業收入。理論上固定資產周轉率越高，就表示企業使用的固定資產的效率越好，但是，因為固定資產項目中常存在著為數不小的長期投資，所以如果要更加精確的算出固定資產周轉率，則必須先將長期投資從固定資產項目中扣除，否則會因而低估企業的固定資產周轉率。

比率	公司別	2013/12/31	2014/12/31	2015/12/31	2016/12/31
固定資產 周轉率	FV 公司	1.0	1.2	1.3	1.3
	Q 公司	1.3	1.3	1.3	1.4
	C 公司	7.7	8.6	7.4	7.0

FV 公司的百分比從 1.0%（2013 年）的低點到 1.3% 的高點（2015、2016 年）不等，表示 FV 公司不全然依賴固定資產。

$$總資產周轉率＝營業收入／平均總資產$$

該比率是透過淨收入（銷售額）除以總資產來計算的，它表示總資產產生收入（銷售）的效率。

比率	公司別	2013/12/31	2014/12/31	2015/12/31	2016/12/31
總資產周轉率	FV 公司	0.7	0.8	0.8	0.7
	Q 公司	1.4	1.4	1.3	1.3
	C 公司	1.4	1.4	1.3	1.1

FV 公司的比率一直與行業平均水準持平。公司似乎在總資產有效產生收入（銷售額）方面保持行業平均水準。

③償債能力

所要表達的是該企業是否能夠從營業收入中償還債權人的資金。對債權人而言，這個比率當然是越高越好。

$$利息保障倍數＝營業利益／利息費用$$

這個比率表示公司有能力支付利息支出，也可以作為公司承擔額外債務能力的指標。評估企業的償債能力時，也必須評估企業定期所要支付的利息及到期償還本金的能力。企業的償債能力與獲利能力的關係密不可分，如果沒有足夠的獲利能力，當然無法創造出足夠的現金來支付利息及償還本金。公式中的分子為息前稅前營業利益（EBIT），利息保障倍數越高，則表示債權人受到保障的程度越高。

比率	公司別	2013/12/31	2014/12/31	2015/12/31	2016/12/31
利息保障倍數	FV 公司	7.4	7.4	6.5	6.6
	Q 公司	2.7	5.2	4.6	9.0
	C 公司	30.6	25.9	18.9	27.0

FV 公司比率範圍從 6.5 天的低點（2015 年）到 7.4 天的高點（2013、2014 年）。一般來說，營運資金需求主要由上一年度產生的業務現金流提供資金，儘管公司在其商業銀行擁有營運資金信貸額度。

負債權益比＝總負債／股東權益

該比率計算為總債務除以股東或擁有者的合理性，它決定了用於為公司資產融資的非權益資本的程度，該比率越小越好。該比率如果過高或大於產業平均，表示該企業長期需要償還的負債越多，可能會面臨無法如期償還負債的風險，相較於負債權益比較低的企業來說，其財務結構可能也比較不健全。

比率	公司別	2013/12/31	2014/12/31	2015/12/31	2016/12/31
負債權益比率	FV 公司	0.8	0.9	1.0	1.2
	Q 公司	2.9	2.4	2.2	1.9
	C 公司	1.4	1.2	1.1	1.1

FV 公司的平均值似乎表明其負債權益比率與行業比率一致。

④獲利能力

這些比率是衡量公司相對於其規模的盈利能力的指標。

$$股東權益報酬率＝稅後淨利／平均股東權益$$

該比率是透過將稅前收益除以稅前利潤或擁有者的比率來計算的。這個百分比表示公司股票持有人或擁有者的稅前回報。

比率	公司別	2013/12/31	2014/12/31	2015/12/31	2016/12/31
股東權益 報酬率	FV 公司	15.9%	18.7%	16.3%	15.9%
	Q 公司	6.4%	12.2%	7.2%	12.7%
	C 公司	9.4%	12.6%	8.1%	8.8%

FV 公司投資的回報率顯著高於行業平均水準，從 15.9%（2013年）的低點到 18.7% 的高點（2014 年）不等。值得注意的是，該公司的收益率從 2014 年到 2016 年有所下降，很可能是 2013 年至 2016 年銷貨成本增加的結果。

$$總資產報酬率＝稅後淨利／平均總資產$$

總資產報酬率，是檢視利潤和總資產運用效率的關聯性指標，所以總資產報酬率越高，就表示企業使用總資產所能產生或創造出的稅後淨利越高，其經營績效也就越好。

比率	公司別	2013/12/31	2014/12/31	2015/12/31	2016/12/31
總資產 報酬率	FV 公司	8.8%	10.1%	8.3%	7.2%
	Q 公司	2.6%	4.1%	2.8%	4.7%
	C 公司	3.8%	5.2%	3.7%	3.9%

　　FV 公司未經調整的稅前利潤占總資產的比例從 7.2% 的低點（2016 年）到 10.1% 的高點（2014 年）不等。資產回報率幾乎是行業平均水準的兩倍。

2. 財務報表常規化調整

　　也許您已經順利的學會如何看懂基本的財務報表及其相關資料，但是，我們必須提醒讀者的是，即使這些財務報表已經相當齊全完備且經過會計師簽證過了，並不表示我們就可以毫無保留的直接採用，因為現行一般公認會計原則（Generally Accepted Accounting Principles, GAAP）[2] 允許會計人員處理各種會計交易紀錄時有一定的彈性空間，所以不同企業之間的財務報表或多或少可能會有些許的差異。因此，經過一番比較之後再進一步將自家公司的財務報表中不合乎常規或不適當之處進行適當的常規化調整，才能更精確的反映並掌握公司真實的經營狀況。

　　根據美國全國認證企業價值分析師協會（National Association of Certified Valuators and Analysts, NACVA）的觀點，財務報表進行常規化調整的主要目的是透過調整企業財務報表或企業所得稅申報書，以致該報表更能準確的反映出該企業真實的財務狀況以及營運的情形與成果。

⑴資產負債表調整。

⑵損益表調整。

---

2. 一般公認會計原則指就因應會計事項所制定的全球性原則，會計個體之資產、負債、資本、費用、收入等任何一環都必須遵守。就一般而論，全世界所有會計事務上的認定、分析、記錄、分類，財務報表製作均需依照這些原則。因此，我們可以說一般公認會計原則是一種跨國語言。

　　我們進行常規化調整時，仍然應該遵循一般公認會計原則，舉例來說，當我們調降損益表中的營業費用（例如如果我們認為業主的薪酬包括福利與企業負擔業主個人費用金額高於同業水準，應該予以剔除或調降），同時，我們也應該調整應付所得稅、稅後淨利及保留盈餘等與營業費用有關的項目。

（四）價值評估

　　在給定的評價專案中所選擇適當的評價方法是基於評價師的判斷。方法的選擇取決於被評價標的之特徵、評價的目的和用途及其報告、標的公司的歷史業績和收益模式、公司的競爭市場地位、經驗和管理品質、評價方法所需的可靠資訊的可用性，以及股權擁有權權益的適當性等。

1. 評價方法說明

⑴不選用之評價方法及理由

　　本公司考量本案評價目的、FV 公司產業特性、股權交易之市場流通性及所蒐集之資訊，並基於 FV 公司之股權價值主要來自未來營運，而非來自特定資產，故本案不採用資產法。

⑵選用之評價方法及理由

　　本公司考量本案評價目的、FV 公司產業特性、股權交易之市場流通性及所蒐集之資訊，並基於 FV 公司之股權價值主要來自未來營運，且 FV 公司之營運呈現穩定成長，故本案選用收益法進行評價。此外，由於同產業中有從事類似業務之上市上櫃公司，其財務資訊公開且有公開市場交易價格資訊，因此本案也選用市場法進行評價。市場法採用可類比公司法；收益法則採用利益流量折現法。可類比公司法係參考可類比公司股票

於活絡市場之成交價格，決定價值乘數結果作爲評價之依據，本案選用之價值乘數包含股價淨值比。本益比及股價營收比。利益流量折現法係以標的公司所創造之未來利益流量爲評估基礎，透過折現過程將未來利益流量轉換爲評價標的之價值。

2. 可類比公司比較資料選取

爲保密考量，本節省略 FV 公司與可類比公司之詳細說明。

（五）價值調整

1. 控制權溢價：由於本案評價標的爲 FV 公司 100% 普通股股權，爲具有控制權之多數股權，因此應考量具有控制權溢價對價值結論之影響。

2. 缺乏市場流通性折價：由於 FV 公司爲非公開發行公司，股權流通性較低，因此應考量缺乏市場流通性折價對價值結論之影響。

3. 價值調整結果。

4. 敏感性分析。

5. 其他考量事項。

（六）價值結論

1. 評價方法選用

本案採用之評價方法包括市場法與收益法。由於市場法並未考量 FV 公司於未來創造經濟效益之能力，特別是當 FV 公司之營運條件或商業模式預期在未來將有顯著之改變時，市場法無法反映此改變對 FV 公司股權價值之影響。相較之下，收益法綜合考量 FV 公司之獲利能力及競爭能力，由於 FV 公司在可預期之未來將持續正常營運，其股權價值主要來自未來營運之獲利，故本案選用收益法作爲價值結論之主要依據。惟考量市場法能反映市場投資者於目

前經營環境下對 FV 公司股權價值之認定，本公司採用市場法之評價結果，作爲對其他評價方法之評價結果進行合理性檢驗之參考。

2. 價值結論

綜上所述，收益法所評估之 FV 公司 100% 普通股股權之市場價值爲新臺幣 40,194 元，介於採用市場法所估算價值區間內，本案之價值結論爲新臺幣 40,194 元。

十六

無形資產評價案例
綜合研習（一）

案例研習 30

✦ 評價分析師 J 近日和 G 公司正在洽談一項生技新藥相關的專利評價案件，由於 J 個人對生物醫學並不熟諳，於是他向專利師 K 詢問並請其加入評價團隊，由專利師 K 對標的專利進行查核，請問專利師 K 應該查核標的專利的哪些項目？

✦ 發明家 S 潛心研究人臉辨識技術，為此自行投入鉅資並取得技術突破。發明家 S 以其研發之人臉辨識技術與 M 公司洽談合作，在洽談未果後又與 N 公司洽談，爾後達成合作協議。未料 M 公司已將發明家 S 之技術搶先申請專利，N 公司則是在合作協議簽訂後取得發明家 S 讓與申請權而提出專利申請，請問發明家 S 研發之人臉辨識技術的專利究竟歸屬於 M 公司還是 N 公司？

一、專利評價案例

接下來，我們將在本章節為讀者介紹關於專利評價案例之釋例與解析。

（一）案由

好欣情醫學技術股份有限公司已投入體溫快篩器之試產，惟該

產品之技術已由第一醫學大學取得台灣發明第 I123456 號專利「溫度感測裝置」，而好欣情醫學技術股份有限公司向第一醫學大學購買該專利後可確保後續其產品的生產與銷售無虞。好欣情醫學技術股份有限公司在取得該專利後，不僅已向智慧財產局完成登記，並規劃將以該專利向銀行進行專利融資，因而委任評價分析師評估可融資額度（模擬案例）。

（二）委任內容

評價案件委任人及評價報告收受者

　　評價案件委任人：好欣情醫學技術股份有限公司。

　　評價報告收受者：好欣情醫學技術股份有限公司（以下簡稱好欣情醫技公司）。

（三）評價標的

　　好欣情醫技公司以其從第一醫學大學所取得並預計向銀行進行專利融資的台灣發明第 I123456 號專利「溫度感測裝置」（以下簡稱評價標的）。

（四）評價目的及指定用途

　　評估向銀行申請無形資產融資之融資額度參考。

（五）評價基準日

　　2020 年 9 月 20 日。

（六）價值標準

　　公平市場價值（Fair market value）。

（七）價值前提

使用前提下之現行用途（繼續經營）。

（八）評價所依循之評價準則

財團法人會計研究發展基金會發布《評價準則公報》及實務指引。

（九）評價之假設及限制條件

1. 現未有任何會影響專利權價值之法律訴訟，當存在有重大影響專利權價值之法律訴訟，本報告之使用者應請教適當之法律顧問。

2. 本報告中所揭露之資訊均是對評價結論相當重要且關係密切，並未隱瞞任何必要資訊。

3. 本報告所使用之資訊是屬相關產業分析、經濟研究分析、評價標的之公開資料，本公司假設其資訊係屬正確可信。

4. 本報告是依照合理之相關財務模型假設推估其價值，並對評價結論影響重大之事件或資訊加以審查核閱，確保最終評價結果之公正客觀性。

5. 市場上的任何重大變動均有可能對本報告所使用財務預測產生重大之影響，本公司無法對市場進行預測。若因產業環境或其他不可抗拒之因素，導致本報告所使用財務預測與現實情形產生重大差異時，評價結論亦會產生重大誤述，使用本報告應作適當之調整。

6. 本報告僅提供委託人基於評價目的使用之參考，不得作爲其他用途。報告使用者使用本報告致違反《個人資料保護法》，應自負損害賠償責任。

（十）評價方法及評價執行流程

1. 本次評價方法採用成本法以及權利金節省法。

2. 本次評價流程如下：

　　⑴評價標的之專利權查核。

　　⑵分析、蒐集產業及市場資料。

　　⑶確認評價方法。

　　⑷評估價值。

　　⑸編制評價工作底稿。

　　⑹出具評價報告。

　　⑺保管評價工作底稿檔案。

（十一）價值結論

　　以權利金節省法所得之區間價值新臺幣 712 萬 1,000 元至新臺幣 864 萬 5,000 元作爲評價標的之專利權評估價值。

（十二）評價報告日

　　2020 年 10 月 20 日。

二、專利評價案例解析

（一）實施評價標的專利權之委託人公司資訊

　　本節省略好欣情醫技公司之詳細說明[1]。

1. 公司簡介：好欣情醫技公司於 2012 年 9 月 17 日設立，其主要技

---

1. 評價人員應蒐集之資訊及執行之基本分析請參考「無形資產評價中級能力鑑定寶典」第三章第一節「基本分析」。

術有非接觸式的測量技術,而主要產品為體溫快篩器(A001、A002),可透過非接觸的方式偵測人體或動物體溫。

2. 產品簡介:體溫快篩器(A001、A002)的主要構成為:傳輸天線、振盪模組以及控制電路模組。其中,傳輸天線發射無線射頻信號至使用者(即待測者)後,使用者反射無線射頻信號,而後傳輸天線接收使用者反射的無線射頻信號。振盪模組輸出振盪信號至傳輸天線,並且,使用者反射的無線射頻信號會傳送至振盪模組。控制電路模組根據振盪信號產生控制電壓至振盪模組,經由控制電壓反應使用者的擾動資訊。

3. 公司組織架構。

4. 公司管理團隊。

5. 公司產業發展計畫。

6. 市場產銷概況。

7. 公司 SWOT 分析。

(二)產業概況

本節省略產業概況與分析,其請參閱本書第八章產業與市場分析。

1. 產業概述。

2. 五力分析。

(三)公司財務狀況

本節省略財務報表及其分析,其請參閱本書第五章企業財務報表分析。

1. 財務報表。

2. 財務報表分析。

（四）評價標的分析

1. 評價標的概況

　　評價標的為台灣發明第 I123456 號專利「溫度感測裝置」，申請日為 2011 年 10 月 12 日，公開日為 2013 年 5 月 16 日，公開號為 2013111521，而公告日為 2015 年 4 月 11 日。

2. 評價標的之權利維護狀態

　　評價標的之專利權始日為 2015 年 4 月 11 日，專利權止日為 2031 年 10 月 11 日，年費有效日期為 2022 年 4 月 10 日，專利有效年次為第七年。因此，於本案評價基準日，評價標的為有效之專利權。

3. 評價標的之專利權範圍

　　標的專利的總請求項數為 10 項，其中請求項 1 與請求項 6 為獨立請求項。

　　核准之獨立請求項如下：

請求項 1：一種溫度感測裝置，包括：

　　一接收天線，接收一感測信號；

　　一發射天線，發出一發射信號至一待測者而反射成為該感測信號；

　　一振盪器，連接至該接收天線與該發射天線，該振盪器輸出一振盪信號至該發射天線，且該接收天線所接收之該感測信號傳送至該振盪器；以及

　　一控制電路模組，根據該振盪信號產生一控制電壓，該控制電壓反應該待測者之一擾動資訊，經由該發射天線傳送該擾動資訊至一手機。

請求項 6：一種溫度感測裝置，包括：

　　一天線模組，接收一感測信號與發出一發射信號，該待測者反射該發射信號成為該感測信號；

　　一振盪器，連接至該天線模組，該壓控振盪器輸出一振盪信號至該天線模組，且該天線模組所接收之該感測信號傳送至該振盪器；以及

　　一控制電路模組，根據該振盪信號產生一控制電壓，該控制電壓反應該待測者之一擾動資訊，經由該天線模組傳送該擾動資訊至一手機。

4. 評價標的之審查歷程及可專利性分析

　　標的專利之專利名稱為「溫度感測裝置」，申請人第一醫學大學於 2011 年 10 月 12 日提出申請，申請專利範圍共 10 項，其中請求項 1、6 為獨立項。

　　於 2013 年 2 月 25 日，智慧財產局提出審查意見認為，依據引證 1（US 2010/0111100A1）所揭示之技術內容，標的專利之申請專利範圍所請之發明不符專利法進步性之規定。

　　對於該審查意見，專利權人未修正申請專利範圍。申請人申復主張：「控制電路模組所產生的控制電壓可反應待測者之擾動資訊，據此，本案與引證 1 有所差異。」等進行答辯。

　　於 2014 年 9 月 17 日，智慧財產局提出第二次審查意見認為，依據引證 1（US 2010/0111100A1）、引證 2（US 2008/0023224A1）及引證 3（TWM1101203）所揭示之技術內容，請求項 1-10 不符專利法進步性之規定。

　　對於該審查意見，專利權人未修正申請專利範圍。申請人申復主張：「引證 1、2、3 均未揭露本案『控制電路模組，根據該振盪信號產生一控制電壓』技術特徵，而且在本案中，控制電路模組所

產生的控制電壓可以反應待測者之擾動資訊。」等進行答辯。

　　標的專利於 2015 年 2 月 26 日核准審定，於 2015 年 4 月 11 日公告。

　　標的專利之審查，經智慧財產局總共提出兩次審查意見，並引用引證 1（US 2010/0111100A1）、引證 2（US 2008/002324 A1）及引證 3（TWM110203）共 3 件引證文件，並經由兩次申復答辯後方才核准審定，應可堪認標的專利具有較強之可專利性。

5. 評價標的之專利家族分析

　　依據評價標的專利於歐洲專利局的專利家族資料，專利家族（simple patent family，具有完全相同的優先權基礎案）為 1 件（即標的專利）。

　　依據歐洲專利局的專利家族資料，於同一廣義定義下的專利家族（即 INPADOC patent family，具有至少一個相同的優先權基礎案）之專利數量為 4 件，如下表 16-1 所示。

表 16-1

Publication number	Publication date	International classification	Date of application	Priority number(s)
TW2013111521 (A); TWI123456(B)	2013-05-16	G01H11/06 H04L7/033	2011-10-12	TW201101398690 20111012
CN1037762031 (A); CN1037762031 (B)	2014-05-08	G01S17/02	2012-10-15	TW201101398690 20111012 TW201101399876 20111101
US20123255689 (A1); US86752918 (B2)	2012-09-10	G01R27/06	2012-03-28	US201223484845 20120531 TW201101398690 20111012
US20132135629 (A1); US95685253 (B2)	2013-08-12	G01B7/14	2013-05-19	US201313866115 20130419 TW201101398690 20111012

從專利家族資料來看，具有最早申請日者即為評價標的之專利，其於 2011 年 10 月 12 日申請，而專利家族的申請日區間主要落在 2012 年至 2013 年，於台灣、中國大陸以及美國申請，並經各國審查後獲准專利。

6. 評價標的之權利歸屬

專利申請權，指得依法申請專利之權利；而專利申請權人，除專利法另有規定或契約另有約定外，發明人、新型創作人、設計人或其受讓人或繼承人具有專利申請權。惟依據《專利法》第 7 條規定，雇用人可取得受雇人於職務上所完成者的專利申請權與專利權。《大學法》第 17 條第 1 項規定：「大學教師分教授、副教授、助理教授、講師，從事授課、研究及輔導。」據此，大學教師利用學校資源所完成之研究通常被認為是職務上發明，專利申請權與專利權歸屬於學校。

評價標的之發明人為大學教師，依前揭說明第一醫學大學取得專利申請權而作為申請人，因此原始專利權人為第一醫學大學。

依據好欣情醫技公司與第一醫學大學的專利轉讓契約，第一醫學大學已將評價標的轉讓給好欣情醫技公司，並向智慧財產局提出讓與登記，因此，評價標的專利之專利權歸屬於好欣情醫技公司。

（五）評價標的與委託人公司之產品的比對

好欣情醫技公司所生產、販賣之體溫快篩器（ Ａ００１、Ａ００２），主要部分是由傳輸天線、振盪模組以及控制電路模組所構成。

評價標的為台灣發明第 I123456 號專利「溫度感測裝置」，其總共包含 10 項請求項，當產品若落入獨立請求項（即請求項 1、6）

之專利權範圍，即可認定委託人之產品屬於評價標的之專利實施行為。

　　以下就評價標的之請求項 1 與體溫快篩器（A001、A002）比對如下表 16-2 所示。

表 16-2

請求項 1	體溫快篩器	比對結果
一種溫度感測裝置，包括：	溫度感測裝置	符合
一接收天線，接收一感測信號；	傳輸天線發射無線射頻信號至使用者（即待測者）後，使用者反射無線射頻信號，而後傳輸天線接收使用者反射的無線射頻信號	符合
一發射天線，發出一發射信號至一待測者而反射成為該感測信號；	傳輸天線發射無線射頻信號至使用者（即待測者）後，使用者反射無線射頻信號，而後傳輸天線接收使用者反射的無線射頻信號	符合
一振盪器，連接至該接收天線與該發射天線，該振盪器輸出一振盪信號至該發射天線，且該接收天線所接收之該感測信號傳送至該振盪器；以及	振盪模組輸出振盪信號至傳輸天線，並且，使用者反射的無線射頻信號會傳送至振盪模組	符合
一控制電路模組，根據該振盪信號產生一控制電壓，該控制電壓反應該待測者之一擾動資訊，經由該發射天線傳送該擾動資訊至一手機。	控制電路模組根據振盪信號產生控制電壓至振盪模組，經由控制電壓反應使用者的擾動資訊，經由傳輸天線傳送該擾動資訊至手機	符合

　　再就評價標的之請求項 6 與體溫快篩器（A001、A002）比對如下表 16-3 所示。

表 16-3

請求項 6	體溫快篩器	比對結果
一天線模組，接收一感測信號與發出一發射信號，該待測者反射該發射信號成為該感測信號	傳輸天線發射無線射頻信號至使用者（即待測者）後，使用者反射無線射頻信號，而後傳輸天線接收使用者反射的無線射頻信號	符合
一振盪器，連接至該天線模組，該壓控振盪器輸出一振盪信號至該天線模組，且該天線模組所接收之該感測信號傳送至該振盪器；以及	振盪模組輸出振盪信號至傳輸天線，並且，使用者反射的無線射頻信號會傳送至振盪模組	符合
一控制電路模組，根據該振盪信號產生一控制電壓，該控制電壓即反應該待測者之一擾動資訊，經由該天線模組傳送該擾動資訊至一手機。	控制電路模組根據振盪信號產生控制電壓至振盪模組，經由控制電壓反應使用者的擾動資訊，經由傳輸天線傳送該擾動資訊至手機	符合

　　體溫快篩器（A001、A002）落入評價標的之請求項 1、請求項 6 之專利權範圍，因此，體溫快篩器即為實施評價標的之行為（評價標的之商品化行為），即可確認其與評價標的之關連性。因此，好欣情醫技公司銷售體溫快篩器（A001、A002）之收入，即屬實施評價標的商品化之所得。

（六）價值評估

1. 評價方法說明

⑴不選用之評價方法及理由

　　在考量本案業特性，由於非接觸式體溫量測技術等相關產業之專利權交易成交案例資訊相當缺乏，即便有亦是未公開，故無法取得相關專利交易之成交資訊，因此本次不選用市場法。

⑵選用之評價方法及理由

　　因收益法下之權利金節省法以及成本法下之重製成本法等方法

之運用，需要預測未來之營業收入淨額、過去所花費之研發成本、專利申請費用等相關資料。而第一醫學大學將評價標的專利權讓與給好欣情醫技公司，因此，好欣情醫技公司取得評價標的專利權之價格即為成本價格。此外，好欣情醫技公司提供 2020 年 6 月 30 日之暫結資產負債表及綜合損益表、產品商品化後五年預估現金流量表及資產負債表及綜合損益表等資料。基於上述提供之相關資料內容可供評價方法之採用情況下，故本次選用之評價方法為收益法下之權利金節省法以及成本法。

2. 可類比公司比較資料選取

本節省略好欣情醫技公司與可類比公司之詳細說明。

（七）價值調整

1. 控制權溢價

雖專利權屬無形資產，但其不若股權特性，依據專利法規定，在專利權有共有的情況下，各共有人並無對專利權單獨享有之比例，因此進行授權時需要經全體共有人之同意，並無因為單獨享有比例較高而獲得控制權優勢之情事；另一方面，各共有人均得單獨實施評價標的專利權，因此本次評價無須考量非控制權折價。

2. 缺乏市場流通性折價

依據專利法規定，專利權人可自由轉讓其專利權，因此評價標的應可以於市場上依據專利權人的自由意識流通買賣，故本次評價應無須考量缺乏市場流通性折價。

3. 價值調整結果

關於價值調節的部分，本次就評價標的是以權利金節省法為主進行評估，因此本次無須進行價值之調節。

4. 敏感性分析

在權利金節省法中，影響專利權價值計算之重要數據分別為預估產品銷售數量、預估產品平均單價、授權之權利金比率（依案例資料統計所得）、折現率、經濟年期等項目，其中，以個別資產風險（折現率）影響專利權價值計算較為重大。因此，在敏感度分析中將個別資產風險（折現率）分別以最可能之情形（個別資產風險12%）、最樂觀之情形（個別資產風險 10%）及最悲觀（個別資產風險 14%）之情形等三種情況加以分析。

5. 其他考量事項

依據專利法規定，專利遭舉發（無效）確定，專利權視為自始不存在。本次評價標的之審查歷程中，經智慧財產局總共提出兩次審查意見，並引用共 3 件引證文件，並經由兩次申復答辯後方才核准審定，應可堪認標的專利具有較強之可專利性。因此，評價標的應無明顯影響其可專利性之無效風險，尚無減損其專利權價值之情事。

（八）價值結論

1. 成本法

好欣情醫技公司向第一醫學大學購入評價標的之取得成本，係為好欣情醫技公司重新取得與評價標的效用相同之資產成本。據此，好欣情醫技公司購入評價標的之取得成本是屬評價標的之成本價格。然而，好欣情醫技公司表示標的專利取得讓與之成本價格屬於機密（基於轉讓契約中的保密約定），無法提供取得價格資訊。

專利權在資產負債表中為無形資產科目，通常無形資產之科目不會超過資產負債表中之資產總額的一半以上（即占比不超過

50%）。依據經濟部商工登記公示資料顯示，好欣情醫技公司於設立時實收資本額為新臺幣 650 萬元，並於 2020 年 9 月 28 日進行增資，實收資本額增加至新臺幣 1,400 萬元，但其與第一醫學大學之讓與契約為增資前所簽訂，因此實收資本額仍以增資前的新臺幣 650 萬元為準。基於上述考量，本次評價之標的專利權之成本價值不會超過新臺幣 650 萬元。

2. 收益法下之權利金節省法

於權利金節省法中，權利金比率應參考在市場基礎下符合經常性正常交易特性之可類比交易予以推定。而本次評價採用權利金節省法，考量項目如下：

⑴銷售數量

本次於經濟年期間之五年預估未來銷售數量，是以好欣情醫技公司所提供之預估未來商品化後五年營業收入所載之數量為主。

⑵銷售單價

好欣情醫技公司表示單價為 5 美元至 7 美元之間，其考量不同客戶關係而擬定的市場策略，經整體考量決定以 6 美元計。

⑶權利金比率

由於國內專利權利金比例不易取得且較為缺乏，因此參考國外網站 Sectilis 查詢關於雷達（radar）之權利金資料，並考慮本次評估專利權之價值性質與該權利金資料之差異進行比較調整後，最後以調整後 2.7% 作為本次專利權評價之權利金比率。

⑷折現率

折現率之計算請參閱本書第十一章從收益視角導出之評價法（一）。

3. 價值結論

好欣情醫技公司未來將實施評價標的專利權進行生產、販賣，並無與其他技術或無形資產合併運用。在此情況下，最適經濟效益價值為自己使用或授權於他人使用，故本次評價僅需考量專利授權可能的價值，因此對評價標的採用權利金節省法進行價值評估，應屬合理。此外，好欣情醫技公司表示評價標的交易價格屬於機密而無法提供，而只能按經驗法則判斷其購買成本價值不會超過新臺幣650 萬元。是以，本次則無須再考慮成本法之評估方式。

運用權利金節省法所推估之評價標的價值，經推估後價值區間為新臺幣712 萬 1,000 元至新臺幣864 萬 5,000 元，如下表16-4所示。

表 16-4

不可控變數之預期值	最悲觀之情形	最可能之情形	最樂觀之情形
個別資產風險 %	14%	11%	8%
折現率 %	23.25%	20.25%	17.25%
專利權之價值（仟元）	7,121	7,834	8,645

綜合上述，本次考量評價目的為提供評估向銀行申請專利融資的融資額度參考之用，在最適經濟效益之情況下，其價值較接近權利金節省法所得之專利權價值。因此，本次以權利金節省法所求出之其專利權價值區間新臺幣 712 萬 1,000 元至新臺幣 864 萬 5,000 元作為本次評價標的之評估價值。

此外，本次評價目的是作為評估向銀行申請融資的融資額度之用，故本次不加計租稅攤銷利益。

十七

無形資產評價案例
綜合研習（二）

案例研習 31

✦ 企業 M 擁有數件商標，現有其他公司請求企業 M 授權商標權，因此企業 M 委任評價分析師 K 進行商標評價，但評價分析師 K 查核評價標的之商標時發現商標權期間已屆滿，應如何對評價標的之商標進行評價？

✦ 企業 X 擁有商標 T，但由於爆發流行病導致總體經濟大幅衰退，企業 X 苦撐多時仍不敵總體經濟衰退而宣告破產，在清算程序中該如何處分其所有的商標 T？

一、商標評價案例

接下來，我們將在本章節為讀者介紹關於商標評價案例之釋例與解析。

（一）案由

好科技股份有限公司因經營不善而為破產宣告，法院選任 J 律師為破產管理人。破產管理人 J 律師在清算好科技股份有限公司之資產時，發現尚有無形資產即台灣商標 5 件。破產管理人 J 律師不知處分該批台灣商標是否有實益，因而委任評價分析師評估處分該批台灣商標的價值（模擬案例）。

（二）委任內容

評價案件委任人及評價報告收受者

　　　　評價案件委任人：J 律師。

　　　　評價報告收受者：J 律師。

（三）評價標的

　　好科技股份有限公司（以下簡稱好科技公司）所擁有的台灣商標權註冊號第 021595314 號等 5 件商標。

（四）評價目的及指定用途

　　評估處分該批台灣商標之價值參考。

（五）評價基準日

　　2021 年 4 月 1 日。

（六）價值標準

　　清算價值。

（七）價值前提

　　被迫出售。

（八）評價之假設及限制條件

1. 現未有任何會影響商標權價值之法律訴訟，當存在有重大影響商標權價值之法律訴訟，本報告之使用者應請教適當之法律顧問。

2. 本報告中所揭露之資訊均是對評價結論相當重要且關係密切，並未隱瞞任何必要資訊。

3. 本報告所使用評估之資訊是屬公開資料，假設其資訊係屬正確可信。

4. 市場上的任何重大變動均有可能對本報告價值結論產生重大之影響，本公司無法對市場進行預測。若因產業環境或其他不可抗拒之因素，導致本報告評價結論亦會產生重大誤述，使用本報告應作適當之調整。
5. 本報告僅提供委託人基於評價目的使用之參考，不得作為其他用途。報告使用者使用本報告致違反《個人資料保護法》，應自負損害賠償責任。

（九）評價方法及評價執行流程

1. 本次評價方法採用市場法下之可類比交易法。
2. 本次評價流程如下：
   ⑴評價標的之商標權查核。
   ⑵分析、蒐集產業及市場資料。
   ⑶確認評價方法。
   ⑷評估價值。
   ⑸編制評價工作底稿。
   ⑹出具評價報告。
   ⑺保管評價工作底稿檔案。

（十）價值結論

評價標的處分後預計為新臺幣 12 萬 6,490 元。

（十一）評價報告日

2021 年 2 月 2 日。

二、商標評價案例解析

（一）實施評價標的商標權之委託人公司資訊

本節省略好科技公司之詳細說明[1]。

1. 公司簡介。

2. 產品簡介。

3. 公司組織架構。

4. 公司管理團隊。

（二）產業概況

本節省略產業概況與分析，其請參閱本書第八章產業與市場分析。

（三）評價標的分析

1. 評價標的概況

評價標的為好科技公司所擁有的台灣商標權註冊號第021595314、021595315、021595355、021595356、021595364號等共5件商標權，如下表17-1所示。

表 **17-1**

註冊號	商標名稱	商品類別	商標權人
021595314	好科技	16	好科技股份有限公司
021595315	好科技	21	好科技股份有限公司

---

1. 評價人員應蒐集之資訊及執行之基本分析請參考「無形資產評價中級能力鑑定寶典」第三章第一節「基本分析」。

表 17-1（續）

註冊號	商標名稱	商品類別	商標權人
021595355	How-Tech	16	好科技股份有限公司
021595356	How-Tech	21	好科技股份有限公司
021595364	How-Tech	17	好科技股份有限公司

　　台灣商標權註冊號第 021595314、021595315 號商標為「好科技」，而第 021595355、021595356、021595364 號商標為「How-Tech」，均為好科技公司所申請並擁有商標權。

2. 評價標的之權利維護狀態

　　依據《商標法》第 33 條第 2 項規定，商標權期間得申請延展，每次延展為十年。而商標權之延展，應於商標權期間屆滿前六個月內提出申請。若到期未申請商標權延展，則可依《商標法》第 34 條第 1 項規定，於商標權期間屆滿後六個月內提出申請者，並繳納 2 倍延展註冊費，而完成商標權之復權。評價標的台灣商標權註冊號第 021595314 號等共 5 件商標權之權利維護狀態如下表 17-2 所示。

表 17-2

註冊號	商標名稱	註冊日	專用期限	權利狀況
021595314	好科技	2010-2-12	2020-2-11	已消滅
021595315	好科技	2010-2-12	2020-2-11	已消滅
021595355	How-Tech	2011-2-26	2021-2-25	可復權
021595356	How-Tech	2011-2-26	2021-2-25	可復權
021595364	How-Tech	2012-4-24	2022-4-23	有效

第 021595314、021595315 號商標於 2010 年 2 月 12 日註冊，其專用期限至 2020 年 2 月 11 日，於本案評價基準日（2021 年 4 月 1 日）時其商標權均已消滅，從而無法成為適格的處分客體。

第 021595355、021595356 號商標於 2011 年 2 月 26 日註冊，其專用期限至 2021 年 2 月 25 日，於本案評價基準日時其商標權暫不存在，惟其尚在商標權期間屆滿後六個月內，因此可依前述《商標法》第 34 條第 1 項規定申請復權，從而成為可處分的適格客體。

第 021595364 號商標於 2011 年 4 月 24 日註冊，其專用期限至 2022 年 4 月 23 日，於本案評價基準日時尚屬有效之商標權。

3. 評價標的商標權所指定之商品／服務

依據《商標法》第 35 條第 1 項規定，商標權人於經註冊指定之商品或服務，取得商標權。而《商標法》第 68 條第 1 項規定，未得商標權人同意，有下列情形之一，為侵害商標權：

⑴於同一商品或服務，使用相同於註冊商標之商標者。

⑵於類似之商品或服務，使用相同於註冊商標之商標，有致相關消費者混淆誤認之虞者。

⑶於同一或類似之商品或服務，使用近似於註冊商標之商標，有致相關消費者混淆誤認之虞者。

因此，註冊商標所指定之商品或服務，是構成商標權保護範圍的要件之一，用以作為審查商標權准駁或判斷是否侵害商標權的依據。

評價標的第 021595314 號等共 5 件商標權所指定之商品或服務如下表 17-3 所示。

表 17-3

註冊號	商標名稱	商品類別	指定商品或服務
021595314	好科技	16	貼紙；書籍；圖畫；照片；印刷品；紙製容器；塑膠袋；書寫用具；紙製裝飾品；紙製吊牌。
021595315	好科技	21	杯；碗；沙拉碗；碟；盤；水壺；湯碗；餐盤；烤盤；餐具（餐刀、餐叉、餐匙除外）；咖啡具（餐具）；茶具（餐具）；陶瓷製容器；食物保溫容器；玻璃製容器；瓦製容器；吸管；非人體用刷；人體清潔用刷。
021595355	How-Tech	16	貼紙；書籍；圖畫；照片；印刷品；紙製容器；塑膠袋；書寫用具；紙製裝飾品；紙製吊牌。
021595356	How-Tech	21	杯；碗；沙拉碗；碟；盤；水壺；湯碗；餐盤；烤盤；餐具（餐刀、餐叉、餐匙除外）；咖啡具（餐具）；茶具（餐具）；陶瓷製容器；食物保溫容器；玻璃製容器；瓦製容器；吸管；非人體用刷；人體清潔用刷。
021595364	How-Tech	17	電氣絕緣材料；非紡織用化學纖維；礦物棉；礦渣棉；非紡織用碳纖維；非紡織用之橡膠線及橡膠包覆紗；非紡織用化學纖維紗及線；非紡織用碳纖維紗；片狀碳纖維材料；絕緣手套；橡膠繩及帶；橡膠製工業用包裝容器；農業用塑膠片；防雜草塑膠布；半加工塑膠製品；碳纖維強化塑膠基礎製品；碳纖維預浸料；末加工或半加工橡膠；非建築用礦物棉製隔音材料。

　　第 021595314、021595355 號商標均用於第 16 類，並指定商品或服務為第 16 類的貼紙、書籍、圖畫、照片等。第 021595315、021595356 號商標均用於第 21 類，並指定商品或服務為第 21 類的杯、碗、沙拉碗、碟等。第 021595364 號商標用於第 17 類，並指定商品或服務為第 17 類的電氣絕緣材料、非紡織用化學纖維、礦物棉、礦渣棉等。

4. 評價標的之權利歸屬

評價標的之申請人為好科技公司，因此原始商標權人為好科技公司。並且，評價標的未有轉讓，亦未有任何異議（《商標法》第48 條至第 56 條）、評定（《商標法》第 57 條至第 62 條）、廢止（《商標法》第 63 條至第 67 條）等商標權無效之註記。

5. 評價標的之處分方式

一般情況下，商標權人可以透過讓與、授權、設定質權等方式對其商標進行處分，處分方式較為多元性。對於破產公司而言，其處分方式說明如下：

⑴商標授權、設定質權：由於本次為好科技公司所擁有之台灣商標在破產程序中的處分，該批商標已無法再授權或進行設定質權，因此本次處分方式不考量以商標授權或設定質權等方式進行。

⑵商標讓與：由於本次為好科技公司所擁有之台灣商標在破產程序中的處分，依《破產法》第 138 條規定：「破產財團之財產有變價之必要者，應依拍賣方法為之，但債權人會議另有決議指示者，不在此限。」因此依據前揭條文規定，本次商標權處分方式為商標讓與（拍賣）。

（四）價值評估

1. 好科技公司處分台灣商標之預估拍定行情價格收益

⑴可類比公司比較資料選取

本節省略好科技公司與可類比公司之詳細說明。

⑵預估拍定行情價格收益

本次商標權法律狀態說明：茲依據委託人指示，訂 2021 年 4 月 1 日為評價基準日。因此，好科技公司所有之 5 件台灣商標，於

2021 年 4 月 1 日之法律狀態中透過復權後僅為 3 件商標權尚屬有效（下稱好科技公司可處分之 3 件台灣商標）。

　　好科技公司可處分之 3 件台灣商標預估拍定價格之預估可依成本法、收益法、市場法下之可類比交易法等三種方法進行。但由於本次為好科技公司之台灣商標於破產程序中之處分，且該批商標之成本、未來展望性財務資訊已無法取得、實施，故成本法及收益法無法運用。是以，本次僅能運用市場法下之可類比交易法進行好科技公司可處分之 3 件台灣商標之預估拍定行情價格。

　　經預估後好科技公司可處分之 3 件台灣商標之市場價格行情約為新臺幣 22 萬 2,862 元。而一般法院民事執行處拍賣不動產時，通常於第二拍時拍定之可能性較高（第二拍底價約為第一拍之八折）。因此，本次預估本批商標權於拍賣時於第二拍拍定，基此，好科技公司可處分之 3 件台灣商標之預估拍定行情價格收益為新臺幣 17 萬 8,290 元（新臺幣 22 萬 2,862 元 ×80％ ＝新臺幣 17 萬 8,290元）。

2. 好科技公司處分台灣商標之總成本估算

⑴商標處分成本說明

　　相對於一般情況下商標權人可以透過讓與、授權、設定質權等方式對其商標進行處分，處分方式較為多元；對於破產公司而言，由於其商標已無授權及設定質權的實益，而只能透過拍賣方式處分破產公司的商標。

　　另外，由於好科技公司可處分之台灣商標部分已逾延展期限，而需要補繳進行復權程序，以使其商標權恢復有效存續。因此，本次商標處分成本除了將商標拍賣所產生的費用以外，尚須包括復權程序所產生的費用。

是以，本次商標之處分成本估算可區分為商標存續成本（復權費用）以及商標拍賣成本（拍賣程序之作業費與手續費）。

⑵商標存續成本估算

依據《商標法》第 34 條第 1 項規定，商標權之延展，應於商標權期間屆滿前六個月內提出申請，並繳納延展註冊費。依《商標法規費收費準則》第 4 條規定，商標或團體商標申請延展，其延展註冊費為每類新臺幣 4,000 元；團體標章或證明標章申請延展，其延展註冊費為每件新臺幣 4,000 元計算。若於商標權期間屆滿後六個月內提出申請延展者，可依《商標法》第 34 條第 1 項規定繳納 2 倍的延展註冊費，即商標或團體商標每類為新臺幣 8,000 元整、團體標章或證明標章每件為新臺幣 8,000 元整。據此，評價標的於評價基準日 2021 年 4 月 1 日之復權費用如下表 17-4 所示。

表 17-4

註冊號	商標名稱	專用期限	是否復權	註冊／復權費用
021595314	好科技	2020-2-11	無法復權	無
021595315	好科技	2020-2-11	無法復權	無
021595355	How-Tech	2021-2-25	得復權	8,000
021595356	How-Tech	2021-2-25	得復權	8,000
021595364	How-Tech	2022-4-23	無需復權	4,000

第 021595314、021595355 號商標之商標權已消滅，故無法復權而不會有復權費用。第 021595355、021595356 號商標之商標權期間已屆滿，惟其尚在屆滿後六個月內，因此依規定繳納 2 倍的延展註冊費即新臺幣 8,000 元。第 021595364 號商標之商標權尚在存

續期間，無需復權而不會有復權費用，並由於其在商標權期間屆滿前六個月，應繳納延展註冊費新臺幣 4,000 元。

綜上，好科技公司可處分之 3 件台灣商標的存續成本總共為新臺幣 2 萬元。

⑶商標拍賣成本估算

依據電詢台灣金融資產服務股份有限公司，本次商標拍賣之作業費為新臺幣 3 萬元，另需再加上 1% 的成交金額作為手續費。依照上述計算所得之處分利益為新臺幣 17 萬 8,290 元，故手續費為新臺幣 1,782 元，四捨五入至百位為新臺幣 1,800 元。

因此，好科技公司可處分之 3 件台灣商標的拍賣成本共計新臺幣 3 萬 1,800 元（30,000+1,800=31,800）。

⑷商標處分總成本估算

好科技公司可處分之 3 件台灣商標的處分總成本為商標存續成本加計商標拍賣成本，經加計後商標處分總成本共計為新臺幣 5 萬 1,800 元（20,000+31,800=51,800）。

（五）價值調整

1. 控制權溢價

雖商標權屬無形資產，但其不若股權特性，依據商標法規定，在商標權有共有的情況下，各共有人並無對商標權單獨享有之比例，因此進行授權時需要經全體共有人之同意，並無因為單獨享有比例較高而獲得控制權優勢之情事；另一方面，即便各共有人均得單獨使用評價標的商標權，因此本次評價無須考量非控制權折價。

2. 缺乏市場流通性折價

依據商標法規定，商標權人可自由轉讓其商標權，因此評價標

的應可以於市場上依據商標權人的自由意識流通買賣，故本次評價應無須考量缺乏市場流通性折價。

3. 價值調整結果

關於價值調節的部分，本次就評價標的是以市場法下之可類比交易法進行評估，因此本次無須進行價值之調節。

（六）結論

本報告基於評價基準日訂為 2021 年 4 月 1 日，查核好科技公司於評價基準日可處分之商標共計 3 件。對於好科技公司可處分之 3 件台灣商標的預估處分可得利益以及預估處分總成本進行估算，結果如下表 17-5 所示。

表 17-5

預估處分可得利益	新臺幣 17 萬 8,290 元
預估處分總成本	新臺幣 5 萬 1,800 元
處分成果	新臺幣 12 萬 6,490 元

依據前述所求得之預估處分可得利益以及預估處分總成本相較後，由於預估處分後可得之利益為新臺幣 17 萬 8,290 元，相較於預估處分總成本新臺幣 5 萬 1,800 元高，處分後預計可得新臺幣 12 萬 6,490 元，因此，對好科技公司可處分之 3 件台灣商標進行延展與復權以進行拍賣處分是具有實益。

PART 5
附錄

武功祕笈

評價報告相關準則

▶ 執行評價工作，是否要先熟識受評價個案當地的相關法令？評價人員如果不熟稔當地法令，是否一定需要尋求當地法律專家的協助呢？

▶ 執行評價工作，是否一定要熟記評價專業領域慣用的專有名詞呢？

▶ 依照評價準則公報的程序，是否就萬無一失呢？

▶ 如果評價師所承接的評價案件之委任方為美國公司在台灣所設立的子公司，執行評價工作是否只要遵循台灣當地的評價準則就可以了呢？

▶ 相對來說，如果評價師所承接的評價案件委任方為台灣公司在美國所設立的子公司，是否執行評價工作同樣也只要遵循美國當地的評價準則就可以了呢？

評價報告相關準則

　　《評價準則公報》係由財團法人中華民國會計研究發展基金會所制定、發布及修訂日期，《評價準則公報》相關條文內容（表附錄 1-1），讀者可以自行上網查閱財團法人會計研究發展基金會網址 http://www.ardf.org.tw/ardf.html。

表附錄 1-1　評價準則公報編號、名稱與發布日期

編號	名稱	發布日期
第 1 號	評價準則總綱 http://dss.ardf.org.tw/ardf/av01.pdf	（2020.09.25 第二次修訂）
第 2 號	職業道德準則 http://dss.ardf.org.tw/ardf/av02.pdf	（2020.09.25 第二次修訂）
第 3 號	評價報告準則 http://dss.ardf.org.tw/ardf/av03.pdf	（2020.09.25 第二次修訂）
第 4 號	評價流程準則 http://dss.ardf.org.tw/ardf/av04.pdf	（2020.09.25 第二次修訂）
第 5 號	評價工作底稿準則 http://dss.ardf.org.tw/ardf/av05.pdf	（2020.09.25 第二次修訂）
第 6 號	財務報導目的之評價 http://dss.ardf.org.tw/ardf/av06.pdf	（2020.09.25 第二次修訂）
第 7 號	無形資產之評價 http://dss.ardf.org.tw/ardf/av07.pdf	（2020.09.25 第二次修訂）
第 8 號	評價之複核 http://dss.ardf.org.tw/ardf/av08.pdf	（2020.09.25 第一次修訂）
第 9 號	評價及評價複核之委任書 http://dss.ardf.org.tw/ardf/av09.pdf	（2020.09.25 第一次修訂）
第 10 號	機器設備之評價 http://dss.ardf.org.tw/ardf/av10.pdf	（2020.09.25 第一次修訂）
第 11 號	企業之評價 http://dss.ardf.org.tw/ardf/av11.pdf	（2020.09.25 第一次修訂）
第 12 號	金融工具之評價 http://dss.ardf.org.tw/ardf/av12.pdf	（2020.09.25 第一次修訂）

評價準則公報訂定之目的與架構

　　評價係指評估評價標的之經濟價值之行為或過程，該評估須經嚴謹之專業判斷並遵循職業道德規範。隨著經濟持續發展，企業及個人因進行買賣或融資交易、稅務規劃、財務報導、內部管理與訴訟等，對評價之需求日益殷切。公正合理之評價，有助於交易之進行、風險之降低及市場秩序之維持，進而活絡經濟。評價須基於嚴謹之準則，因此財團法人中華民國會計研究發展基金會於中華民國96年5月30日成立評價準則委員會，負責訂定評價準則公報及推動評價相關研究。評價準則委員會訂定評價準則公報之目的，在提供評價相關規範以提升評價之品質，俾使評價結果能合理反映評價標的之經濟價值。評價準則公報包括各號準則與實務指引，兩者之規範效力相同。準則係規範與評價相關之原則性規定，包括評價準則總綱及各號準則；實務指引則規範與評價相關之實務應用。評價人員執行評價工作時應遵循評價準則公報之規定。

第一號、評價準則總綱

壹、一般準則

第一條　評價案件之承接、評價工作之執行及評價結果之報告，應由具備專業學識及經驗，並經適當持續專業訓練之評價人員擔任。

第二條　評價人員承接評價案件、執行評價工作及報告評價結果時，應秉持嚴謹公正之態度及獨立客觀之精神，恪遵職業

　　　　道德規範，遵循相關法令及評價準則公報，並盡專業上應
　　　　有之注意。

第三條　評價標的包括資產、負債及業主權益。

貳、流程準則

第四條　評價人員應妥適規劃及執行評價工作，如有助理人員應善
　　　　加督導。

第五條　評價人員對於評價案件及該案件所處之環境應作充分瞭
　　　　解，藉以規劃評價工作。

第六條　評價人員應採用適當之評價方法及程序，並取得足夠及適
　　　　切之證據，俾作為得出價值結論時之合理依據。

第七條　評價人員及其所隸屬之評價機構承辦評價案件應編製並保
　　　　管評價工作底稿。

參、報告準則

第八條　評價人員於完成評價執行流程後出具之評價報告應以書面
　　　　為之，並得以紙本或電子檔等方式出具。

第九條　評價報告之用語應明確，內容應具體，並應清楚列示評價
　　　　所依據之資訊及價值結論之理由，俾有效溝通評價結果。

第十條　評價人員應遵循評價報告準則之規範出具評價報告，其內
　　　　容至少應包括評價報告首頁、摘要、聲明事項、目錄及本
　　　　文，必要時得增列附錄。

肆、附則

第十一條　本公報於中華民國九十六年十二月二十六日發布，於中
　　　　　華民國一〇三年三月二十一日第一次修訂，於中華民國
　　　　　一〇九年九月二十五日第二次修訂。第一次修訂條文自

中華民國一○三年三月三十一日起實施，但亦得提前適用。第二次修訂條文自中華民國一○九年十二月二十五日起實施，但亦得提前適用。

第二號、職業道德準則

壹、前言

第一條　本公報依據評價準則公報第一號「評價準則總綱」第二條訂定。

第二條　本公報係訂定評價人員應遵循之職業道德規範。

貳、定義

第三條　本公報用語之定義如下：

1. 評價：評估標的之經濟價值之行為或過程。

2.（刪除）

3.（刪除）

4. 價值結論：遵循評價準則公報所決定之評價標的價值之估計數，得為單一金額或金額區間。

5. 評價報告：評價人員對評價結果所出具之書面報告。

6. 或有酬金：酬金之支付與否或金額多寡，與達成某種評價結果或結果之應用有關者。

7. 委任案件：評價案件、評價複核案件或其他涉及價值決定之案件。

8. 委任書：委任人與評價人員或其所隸屬之評價機構就評價案件所簽訂之契約文件，以規範彼此間之權利義務關

係。

9. 限制條件：評價人員執行評價案件之工作範圍或可得資訊所受到之限制，該等限制可能於評價案件開始時已存在且為評價人員所知，或可能係於評價人員執行評價案件過程中產生。

參、一般職業道德

第四條　評價人員應誠實正直、敬業負責，於承接評價案件、執行評價工作及報告評價結果時，應公正、獨立及客觀，不得損害公共利益，並盡專業上應有之注意。

第五條　評價人員應確保助理人員遵循本公報；若接受外部專家之協助，評價人員應確認外部專家之資格並提供資訊以促請其遵循本公報。

第六條　評價人員不得詐欺、明知而出具不實報告或誤導他人，亦不得明知而未阻止助理人員或未反對他人有上述行為。

第七條　評價人員不得有任何損害評價專業及其評價專業組織形象之行為。

第八條　評價人員承接評價案件時，應評估本人及其所隸屬評價機構之獨立性是否受損，並作成書面紀錄。

第九條　評價人員不得承接或執行價值結論已事先設定之評價案件。

第十條　評價人員及其所隸屬之評價機構不得要求或收取或有酬金。

第十一條　評價人員及其所隸屬之評價機構不得與評價標的、委任案件委任人或相關當事人涉有除該案件酬金以外之現在

或預期之重大財務或非財務利益。評價人員或其所隸屬
之評價機構如與評價標的、委任案件委任人或相關當事
人涉有除該案件酬金以外之現在或預期之非重大財務或
非財務利益，應於承接案件時向委任人書面揭露，並獲
其書面同意後始得承接該案件。評價人員於報告評價結
果時，應出具獨立性聲明，明確說明本人及其所隸屬之
評價機構與評價標的、委任案件委任人或相關當事人間
是否涉有除該案件酬金以外之現在或預期之非重大財務
或非財務利益。若涉有時，評價人員應於評價報告中充
分揭露所涉及之非重大利益，並說明維持獨立性之措施
及其結果。

第十二條　評價人員及其所隸屬之評價機構若接受仲介而承接業
　　　　　務，應向委任人書面揭露仲介人及支付仲介費之事實。

第十三條　評價人員及其所隸屬之評價機構如同時或先後對同一委
　　　　　任人提供查核或核閱服務及評價服務，應遵循會計師職
　　　　　業道德規範公報有關獨立性之規定。

第十四條　評價人員應在不違反本公報第四條之前提下，依照與委
　　　　　任人建立之共同認知，為委任人之權益善盡職責，努力
　　　　　達成評價目標。

第十五條　評價人員不得同時於兩家以上評價機構執行業務，但其
　　　　　競業禁止經解除者不在此限。

第十六條　評價人員及其所隸屬之評價機構對承接案件、執行評價
　　　　　工作及報告評價結果之過程中所獲得或知悉之資訊，應
　　　　　予以保密，但因法令規定、同業自律或已取得委任人或
　　　　　相關當事人同意者，不在此限。

肆、承接案件職業道德

第十七條　評價人員提供評價服務時，應具備專業能力。評價人員
　　　　　唯有能合理預期具有專業能力及相關經驗以完成擬承接
　　　　　之評價案件時，方可承接該案件。

第十八條　評價人員及其所隸屬之評價機構不得就同一評價標的同
　　　　　時承接二個以上委任人之委任，但已向相關當事人充分
　　　　　揭露並皆取得書面同意，且未損害公共利益者，不在此
　　　　　限。

第十九條　評價人員及其所隸屬之評價機構於執行評價、評價複核
　　　　　或其他涉及價值決定之案件前，應簽訂委任書。

第二十條　評價人員不得為不公平競爭，例如不當運用地位、關係
　　　　　或其他方法，承接評價案件。

第二十一條　評價人員或其所隸屬之評價機構不得為不實、誤導、
　　　　　　詐欺或損害公共利益之廣告。

伍、執行評價工作及報告評價結果職業道德

第二十二條　（刪除）

第二十三條　評價人員對評價設定情境於合理時間內不可能實現之
　　　　　　案件，不得出具評價報告。

第二十四條　評價人員對委任人或相關當事人所提供之關鍵資料應
　　　　　　根據外部獨立來源資料進行合理性評估，否則應將該
　　　　　　資料之採用明列為限制條件。

第二十五條　評價人員若接受其他外部專家之協助，應事先告知委
　　　　　　任人及相關當事人，並應於評價報告中敘明。

第二十六條　評價人員於執行評價工作過程中，如遇有下列事項，

應及時告知委任人並作適當之處理，例如修訂委任書或終止委任：

1. 導致對委任書內容之共識產生重大改變之事項。
2. 評價人員或其所隸屬之評價機構與評價標的、委任案件委任人或相關當事人涉有除該案件酬金以外之現在或預期之重大財務或非財務利益。
3. 對委任範圍有重大限制之事項。
4. 對價值結論有重大影響之發現或事件。

第二十七條　評價人員及其所隸屬之評價機構對工作底稿應盡善良保管之責任。

第二十八條　評價人員未參與執行評價工作時，不得於評價報告簽章，亦不得允許他人以其名義簽章。

陸、附則

第二十九條　本公報於中華民國九十七年八月十三日發布，於中華民國一〇三年三月二十一日第一次修訂，於中華民國一〇九年九月二十五日第二次修訂。第一次修訂條文自中華民國一〇三年三月三十一日起實施，但亦得提前適用。第二次修訂條文自中華民國一〇九年十二月二十五日起實施，但亦得提前適用。

第三號、評價報告準則

壹、前言

第一條　本公報依據評價準則公報第一號「評價準則總綱」之報告

準則訂定。

第二條　評價人員及其所隸屬之評價機構出具評價報告時，應遵循本公報。

第三條　（刪除）

第四條　因進行訴訟、仲裁或調處程序，依相關法令而執行之評價，其評價報告得不適用本公報，惟如涉及價值結論之表達者，其評價流程仍應遵循評價流程準則。

貳、定義

第五條　本公報用語之定義如下：

1. 評價基準日：反映評價標的經濟價值之特定時點。

2. 受評權益：評價標的表彰之權益。

3. 價值標準：個別評價案件所採用之價值類型，例如市場價值、投資價值或公允價值。

4. 價值前提：針對評價標的可能被使用之情境所作之假設。不同之價值標準可能要求一種特定之價值前提或得考量多種價值前提。價值前提例如最高及最佳使用、現行使用、有序清算及被迫出售等。

5. 評價方法：決定評價標的價值時所採行之評價途徑，其反映評價人員評估評價標的價值時所運用之邏輯與原則。評價方法下包括一種或多種評價特定方法。常用之評價方法包括收益法、市場法、成本法及資產法。

6. 評價特定方法：評價方法下之不同詳細應用方法，係評價人員採用評價方法評價時所採取之具體作法與步驟。評價特定方法例如現金流量折現法（收益法下之評價特

定方法）、可類比交易法（市場法下之評價特定方法）及重置成本法（成本法下之評價特定方法）等。

7. 評價流程：執行評價案件之行為。

8. 評價執行流程：特定評價案件實際所執行之評價流程。

9. 評價程序：執行特定評價方法各項步驟之行為。

10. 評價報告日：出具評價報告之日期，該日期可能與評價基準日相同或不相同。

11. 期後事項：發生於評價基準日後至評價報告日止之事項。

12. 假設：評價人員執行評價案件時，對影響評價標的或評價方法之事項所作之假定，該等假定可能無法或毋須驗證，逕接受其為真實，例如政經環境、利率、匯率與相關法規無重大改變，以及產業發展符合預期。惟該等假定與評價基準日存在之事實應相符或可能相符。

13. 特殊假設：與評價基準日存在之事實不符之假設，或一般市場參與者於評價基準日進行交易時不會採用之假設。

14. 常規化調整：為評價目的而針對非營運之資產及負債、非重複性、非經濟性或其他特殊項目所作之財務報表調整，以消除異常情況並提高財務報表之比較性。

15. 市場流通性：評價標的移轉之難易程度。

16. 控制權：可主導企業之營運、處分或為其他重要決策之能力。

17. 評價不確定性：係指在相同條件及市場下，價值結論

不同於評價基準日移轉評價標的可得之價格之可能性。

18. 最高及最佳使用：以參與者之觀點，在實體可能、法律允許及財務可行之前提下，得以獲致最高利益之使用。

參、評價報告基本準則

第六條　評價人員遵循評價準則公報完成評價執行流程後，始得出具評價報告。

第七條　評價報告類型依內容詳簡程度分為詳細報告及簡明報告。評價報告若有不特定使用人時，評價人員應出具詳細報告。

第八條　評價報告之用語應明確，內容應具體，陳述不得誤導，並應清楚列示評價所依據之資訊及價值結論之理由，以有效溝通評價結果，俾報告使用人得以合理瞭解評價執行流程及結論。

第九條　評價報告應有效表達與評價相關之重要思維、已考量之評價方法及其採用之理由，並簡要辨認所使用之資訊，俾報告使用人得以重複其過程。

第十條　評價人員及其所隸屬之評價機構應於評價報告簽章。評價人員如取得評價專業認證，應列示其認證號碼；評價人員如參加評價專業組織，應列示其會員號碼。

第十一條　評價報告應敘明所採用之幣別及單位，如包括二種以上幣別應敘明所採用之匯率。

肆、評價報告內容

第十二條　評價報告內容至少應包括評價報告首頁、摘要、聲明事

項、目錄及本文，必要時得增列附錄。

第十三條　評價報告首頁應註明報告名稱、報告收受者、評價案件委任人、評價標的、評價目的、價值標準、價值前提、評價基準日、報告類型、評價人員及其所隸屬之評價機構之名稱及地址，以及評價報告日。

第十四條　評價報告摘要至少應包括下列項目之彙總說明，並應由評價人員及其所隸屬之評價機構簽章：

1. 報告收受者。

2. 評價標的之性質與範圍。

3. 評價目的。

4. 評價報告之類型。

5. 價值標準。

6. 價值前提。

7. 評價基準日。

8. 評價之假設、限制條件及重大之評價不確定性。

9. 評價方法及評價執行流程。

10. 價值結論。

11. 評價報告日。

第十五條　評價報告中之聲明事項應摘要說明引導評價案件執行之因素，至少針對下列項目提醒報告使用人注意：

1. 評價人員執行評價案件所遵循之相關法令及是否遵循評價準則公報。

2. 評價人員已秉持嚴謹公正之態度及獨立客觀之精神，恪遵職業道德規範，並盡專業上應有之注意。

3. 評價人員及其所隸屬之評價機構與評價標的、委任案

件委任人或相關當事人間未涉有除該案件酬金以外之現在或預期之重大財務或非財務利益。若涉有除該案件酬金以外之現在或預期之非重大財務或非財務利益時，該利益之性質及對評價案件之影響，暨評價人員及其所隸屬之評價機構維持獨立性之措施及其結果。

4. 評價報告及價值結論是否受特殊假設、限制條件及重大之評價不確定性之影響。

5. 評價人員是否接受外部專家協助；如接受時，應具體敘明該等協助者之姓名、該等協助之性質、範圍、目的及評價人員承擔之責任。

6. 評價人員是否使用外部資訊；如有使用，該外部資訊之性質與來源，以及評價人員承擔之責任。

7. 評價報告之全部或部分是否僅限特定人使用；如僅限特定人使用，該限制之性質與情況及其理由。

8. 評價報告交付後，評價人員是否承擔依評價報告日後所獲得之資訊，更新評價報告或價值結論之責任。

9. 酬金金額及計算基礎。

10. 其他須特別聲明之內容。

第十六條　詳細評價報告之本文係提供評價案件之整體資訊，其敘述應具體明確，俾報告使用人得以充分瞭解評價案件之性質、範圍及所處環境，以及評價執行流程。詳細評價報告之本文內容至少應包括下列項目：

1. 評價案件委任人及評價報告收受者之名稱；如有其他指定使用人者，其名稱。

2. 評價目的及指定用途。

3. 評價標的及其基本情況。

4. 評價基準日。

5. 採用之價值標準、其定義及選用之理由。

6. 採用之價值前提、其定義及選用之理由。

7. 評價案件之假設、限制條件及重大之評價不確定性。

8. 評價方法：

　(1) 所採用者及其理由。

　(2) 未採用者及其理由。

9. 評價執行流程，包括各步驟及其推論。

10. 評價執行流程所使用之資訊及其來源。

11. 價值之折價、溢價調整。

12. 價值之調節。

13. 價值結論。

14. 評價人員及其所隸屬之評價機構承擔之責任及免責條款。

15. 評價報告日。必要時，上述項目應個別以單一章節充分敘述。詳細評價報告本文之章節應連續編號。

第十七條　簡明評價報告之本文應包括第十六條所述詳細評價報告本文內容之各項目之簡要內容，其應提供評價案件簡要之整體資訊，俾報告使用人得以基本瞭解評價案件之性質、範圍及所處環境，以及評價執行流程。

第十八條　如有下列情形，評價報告應具體說明：

1. 評價工作範圍或資訊取得受有限制時，其性質及影響。

2. 因評價需要而調整評價標的所屬個體之財務報表時，

所作之常規化調整。

3. 接受外部專家協助時，該專家之資格及評價人員如何採用其所提供之資訊或意見，以及外部專家與評價人員及其所隸屬之評價機構、評價標的、案件委任人或相關當事人間未涉有除協助該案件所應得酬金以外之現在或預期之重大財務或非財務利益。

4. 存在期後事項時，其性質及影響。

5. 如評價準則公報因與法令及會計權威機構之規定不同而未適用時，其情況及理由。

第十九條　評價報告之資訊得以圖表之方式表達，並得以附錄補充說明。

伍、評價報告本文項目之說明

第二十條　評價報告本文中應具體描述評價標的之基本情況，通常包括法律關係、經濟效益及實體狀態等相關資訊，例如受評權益是否具有控制權、該控制權之特質，以及該受評權益之市場流通性。

第二十一條　評價報告應敘明假設、限制條件及重大之評價不確定性對價值結論之影響。

第二十二條　評價報告應敘明評價執行流程中所分析及採用之資訊及其來源，該等資訊之項目通常包括：

1. 針對評價標的所進行之實地訪查內容。

2. 評價標的相關之法律登記文件、契約及相關文件，以及其他具體事證。

3. 接受訪談人員之姓名、職位與職稱，以及其與評價標的之關係。

4. 財務資訊。

5. 稅務資訊。

6. 產業資訊。

7. 市場資訊。

8. 經濟資訊。

9. 相關實證資訊。

10. 其他攸關文件及資訊。

第二十三條　評價報告應敘明調整前價值及所爲各項折價、溢價之價值調整，並敘明所作調整之順序及理由。

第二十四條　評價報告應敘明如何決定不同評價方法所得之價值估計，且應對該等不同價值估計間之差異予以分析並調節。若評價人員選擇以對每一價值估計給予權重之方式分析並調節不同價值估計間之差異，評價人員應於評價報告中敘明所給予之權重及其理由。

第二十五條　評價報告應敘明價值結論。價值結論係表達評價標的價值之最終估計數，得爲單一金額或金額區間；如爲金額區間者，應敘明其不能爲單一金額之理由。

陸、附則

第二十六條　本公報於中華民國九十八年八月二十一日發布，於中華民國一〇三年三月二十一日第一次修訂，於中華民國一〇九年九月二十五日第二次修訂。第一次修訂條文對評價報告日爲中華民國一〇三年三月三十一日以後之評價報告適用之，但亦得提前適用。第二次修訂條文對評價報告日爲中華民國一〇九年十二月二十五日以後之評價報告適用之，但亦得提前適用。

第四號、評價流程準則

壹、前言

第一條　本公報依據評價準則公報第一號「評價準則總綱」之流程
　　　　準則訂定。

第二條　評價人員及其所隸屬之評價機構承接及執行評價案件時，
　　　　應遵循本公報。

貳、定義

第三條　本公報用語之定義如下：

　　　　1.（刪除）

　　　　2.（刪除）

　　　　3.（刪除）

　　　　4.（刪除）

　　　　5.資本化率：表彰由投資所應產生之報酬，此報酬以年化
　　　　　百分比表達，通常假設此報酬係永續且具代表性。

參、評價流程

第四條　本公報所稱評價流程應包括下列主要項目：

　　　　1.評估評價案件之承接。

　　　　2.簽訂委任書。

　　　　3.取得及分析資訊。

　　　　4.評估價值。

　　　　5.編製評價工作底稿。

　　　　6.出具評價報告。

　　　　7.保管評價工作底稿檔案。

第五條　評價人員於評價流程中，應盡專業上應有之注意，力求資訊使用之適切性及正確性，以及其分析與評估之合理性，以維持評價報告之品質符合專業上可接受之水準。

肆、評估評價案件之承接

第六條　評價人員及其所隸屬之評價機構應遵循評價準則公報第二號「職業道德準則」，並分析承接評價案件之潛在風險，以考量承接案件之適當性。

第七條　評價人員於承接評價案件前應與委任人確認下列事項，俾辨認評價工作範圍：

1. 評價標的。
2. 評價基準日。
3. 評價目的及評價報告用途。
4. 價值標準、價值前提及可能採用之評價方法。
5. 出具評價報告之時間及使用限制。
6. 重大或特殊假設。
7. 評價報告之類型。
8. 評價報告應遵循之相關法令及準則。
9. 其他重要之委任條件限制及範圍限制。
10. 評價報告使用之幣別。

第八條　評價人員應依第七條之工作範圍，初步規劃應執行之工作項目，以評估是否具備承接案件之能力及資源，並依據第六條所考量之適當性及公費之合理性，決定是否承接案件。

伍、簽訂委任書

第九條　評價人員及其所隸屬之評價機構決定承接評價案件時，應
　　　　於進行評價工作前與委任人簽訂委任書。

第十條　評價人員應依委任書所載明之項目，妥適規劃應執行之具
　　　　體工作項目與步驟、時間進度及人員安排與執行地點等。

第十一條　評價過程中，如評價目的、評價標的、評價基準日或委
　　　　任範圍發生重大變化，委任書應予修訂或重新簽訂。

陸、取得及分析資訊

第十二條　評價人員應依評價案件之性質、工作範圍及所採用之評
　　　　價方法，取得足夠及適切之資訊、確認資訊來源之可靠
　　　　性與適當性，並評估其合理性，以作為出具評價報告之
　　　　依據。若有難以評估之事項者，應於評價報告中說明該
　　　　事實及對價值估計之可能影響，並列為限制條件。前項
　　　　資訊包括：

　　　　1. 評價標的基本資訊，例如財務、業務、產品及財務預
　　　　　 測等資訊。

　　　　2. 總體經濟、產業、資本市場及法令等資訊。

　　　　3. 期後事項及其影響。

第十三條　評價人員應考量評價標的及案件之性質及工作範圍，執
　　　　行適當之基本分析，以瞭解各項資訊對於評價標的價值
　　　　之影響。前項基本分析應包括對下列事項之分析：

　　　　1. 評價標的之過去營運或使用結果。

　　　　2. 評價標的之目前營運或使用狀況。

　　　　3. 評價標的之未來展望。

4. 產業、總體經濟環境及法令。

柒、評估價值

第十四條　當委任人提出改變資產或資產群組之用途可提高其價值
之主張時，評價人員如擬採用改變用途後之價值前提，
應進行下列評價程序：

1. 要求委任人說明改變用途之成本及對營運之影響等相
關資訊。

2. 評估改變後之用途是否符合最高及最佳使用。

價值標準

第十五條　評價人員應依評價案件之委任內容及目的，決定適當之
價值標準，該價值標準將影響評價人員對評價方法、評
價特定方法、輸入值及假設之選擇，以及最終之價值結
論。

第十六條　評價準則公報所定義之價值標準包括：

1. 市場價值。

2. 衡平價值。

3. 投資價值。

4. 含綜效之價值。

5. 清算價值。

本公報並未禁止評價人員採用未於評價準則公報中定義
之價值標準執行評價，例如依國際財務報導準則定義之
公允價值、使用價值。

第十七條　市場價值係指在常規交易下，經過適當之行銷活動，具
有成交意願、充分瞭解相關事實、謹慎且非被迫之買方

及賣方於評價基準日交換資產或負債之估計金額。資產
之市場價值將反映其最高及最佳使用。最高及最佳使用
可能為資產之現行使用或其他用途。此取決於市場參與
者於形成其願意出價之價格時對該資產之使用之預期。
當評價人員採用市場價值作為價值標準時，應排除一般
市場參與者未能具備之企業特定因素。企業特定因素通
常包括：

1. 源自既有或新增之類似資產組合之額外價值。

2. 當資產單獨評價時，該資產與企業其他資產間之綜
   效。

3. 法定權利或限制。

4. 租稅利益或租稅負擔。

5. 企業運用資產之獨特能力。

第十八條　衡平價值係指具有成交意願且充分瞭解相關事實之特定
交易雙方間移轉資產或負債之估計價格，該價格反映了
交易雙方各自之利益。

第十九條　投資價值係指特定擁有者（或預期擁有者）就個別投資
或經營目的持有一項資產之價值。此價值標準係反映擁
有者持有該資產可獲取之利益。

第二十條　含綜效之價值係兩項以上資產或權益結合後之價值，該
價值通常大於單項資產或權益之價值之合計數。若該綜
效僅有特定之買方可取得，則含綜效之價值將大於市場
價值，即含綜效之價值將反映資產之特定屬性對特定買
方之價值。

第二十一條　清算價值係一企業或資產必須出售（在非繼續經營或

使用之情況）所會實現的金額。清算價值之估計應考
量使資產達到可銷售狀態之成本及處分成本。清算價
值之決定可基於下列價值前提之一：

1. 有序清算：於合理行銷期間內處分之情境。

2. 被迫出售：需於較短行銷期間內處分之情境。評價
　人員應揭露所假設之價值前提。

第二十二條　當評價人員使用未於評價準則公報中定義之價值標準
　　　　　　執行評價時，評價人員須瞭解並遵循評價基準日與該
　　　　　　等價值標準有關之法規、判例及其他解釋性指引。

評價方法

第二十三條　評價人員應依據專業判斷，考量評價案件之性質及所
　　　　　　有可能之常用評價方法，採用最能合理反映評價標的
　　　　　　價值之一種或多種評價方法。針對個別資產或負債評
　　　　　　價常用之評價方法包括下列三種：

1. 市場法。

2. 收益法。

3. 成本法。

針對企業評價常用之評價方法包括下列三種：

1. 市場法。

2. 收益法。

3. 資產法。評價人員採用非屬常用之評價方法時，應
　敘明理由。

第二十四條　市場法係以可類比標的之交易價格為依據，考量評價
　　　　　　標的與可類比標的間之差異，以適當之乘數估算評價
　　　　　　標的之價值。市場法之常用評價特定方法包括：

      1. 可類比公司法：參考從事相同或類似業務之企業，其股票於活絡市場交易之成交價格、該等價格所隱含之價值乘數及相關交易資訊，以決定評價標的之價值。此一評價特定方法通常適用於企業之評價。

      2. 可類比交易法：參考相同或相似資產之成交價格、該等價格所隱含之價值乘數及相關交易資訊，以決定評價標的之價值。此一評價特定方法通常適用於企業、個別資產或個別負債之評價。

第二十五條　評價人員採用市場法時，應盡專業上應有之注意，蒐集可作為參考之可類比標的之資訊，評估其充分性，並於評價報告中敘明充分性之評估結果。評價人員對重大但經評估後不參考之可類比標的之資訊，應將不參考之理由列入工作底稿，並應於評價報告中特別敘明不參考之理由。

評價人員採用市場法時，至少尚應考量：

1. 所採用市場資訊之時間因素及攸關性，包括經濟情勢、產業及企業之變動情形。

2. 所採用之價值乘數應與評價標的價值具有高度之相關性，並能合理反映評價標的之價值。

3. 所採用之可類比標的價值乘數應來自常規交易。

4. 辨認及分析非常規、非經常性及非主要經營活動或事件對評價標的及可類比標的之影響。

5. 依據前款分析調整相關財務數據。

6. 辨認及分析評價標的與可類比標的間質與量之差異。

7. 依據前款差異調整價值乘數。

第二十六條　收益法係以評價標的所創造之未來利益流量為評估基礎，透過資本化或折現過程，將未來利益流量轉換為評價標的之價值。評價人員採用收益法時應定義利益流量，並採用與該利益流量相對應之資本化率或折現率。

第二十七條　評價人員採用收益法時，應評估評價標的未來營收及獲利水準之合理性，並至少考量下列事項：

1. 是否已參考歷史性財務資訊，並進行必要之常規化調整。

2. 是否已考量產業景氣、市場狀況及評價標的過去營運狀況。

3. 資本支出與財務結構是否符合未來營運需求。

4. 未來收益推估之期數及成長率等是否符合評價標的之特性。

第二十八條　評價人員採用收益法時，應評估折現率或資本化率之合理性，並應考量其是否合理反映評價標的之風險。

第二十九條　資產法係經由評估評價標的涵蓋之個別資產及個別負債之總價值，以反映企業之整體價值。資產法係於繼續經營假設下推估重新組成或取得評價標的所需之對價。惟如評價標的不以繼續經營為前提，則應評估企業之整體清算價值。採用資產法評估時，應以評價標的之資產負債表為基礎，並考量表外資產及表外負債，以評估企業之整體價值。

第三十條　評價人員採用資產法評價時，單獨資產（或資產群

組）、單獨負債（或負債群組）或資產及負債群組應分別視為個別評價標的，並就該個別評價標的之性質適當採用市場法、收益法、成本法或其他方法評價。

第三十一條　評價人員採用資產法評價時，至少應考量下列事項：

　　1. 各項資產與負債之市場價值、交易成本及稅負。

　　2. 採用清算價值評估時，應假設評價標的或其相關資產及負債在市場上短期間處分所可獲得之價值，處分之相關成本與稅負亦應列入考量。

第三十二條　在繼續經營假設下，除因評價標的特性而慣用資產法進行評估外，不得以資產法為唯一之評價方法。若僅以資產法為唯一之評價方法時，應於評價報告中敘明其理由。

第三十三條　成本法係以購買或製作與評價標的類似或相同之資產所需現時成本為依據，以評估單一資產價值。成本法下常用之評價特定方法包括：

　　1. 重置成本法：係以重新購買或製作與評價標的效用相近之資產之成本評估評價標的價值之評價特定方法。

　　2. 重製成本法：係以重新製作與評價標的完全相同之資產之成本評估評價標的價值之評價特定方法。

第三十四條　評價人員採用成本法評價時，應考量計入評價標的之合理報酬及反映因未擁有評價標的而在購買或製作評價標的期間所可能發生之機會成本。

第三十五條　成本法主要適用於沒有市場交易之評價標的。評價人員採用成本法時，應辨認並考量下列陳舊過時因素對

價值之影響，必要時亦應納入評價假設，並據以調整
評價標的之價值：

1. 物理性，例如磨損或損壞。
2. 功能性。
3. 技術性。
4. 經濟性。

價值結論

第三十六條　評價人員進行價值結論之判斷時，應依評價標的之性
　　　　　　質，考量其市場流通性及控制權對價值之影響，並為
　　　　　　必要之折價、溢價調整。

第三十七條　評價人員進行價值結論之判斷時，應對採用不同評價
　　　　　　方法所得之價值估計間之差異予以分析並調節，據以
　　　　　　形成合理之價值結論。

第三十八條　評價人員出具評價報告前，得與委任人或其同意之相
　　　　　　關當事人就評價報告進行說明，惟不得影響其專業評
　　　　　　價判斷及獨立性。

第三十九條　評價人員進行價值結論之最終判斷時，應再次確認委
　　　　　　任條件、範圍限制及各項假設，評估所蒐集及分析之
　　　　　　資訊品質及數量，並考量各評價方法之適用性。

捌、編製評價工作底稿及出具評價報告

第四十條　　評價人員應遵循評價工作底稿準則編製評價工作底稿，
　　　　　　並遵循評價報告準則，依據載於評價工作底稿之評價結
　　　　　　果出具評價報告。

玖、保管評價工作底稿檔案

第四十一條　評價人員及其所隸屬之評價機構應遵循評價工作底稿
　　　　　　準則，保管評價工作底稿檔案。

拾、附則

第四十二條　本公報於中華民國九十八年十二月三十一日發布，於
　　　　　　中華民國一〇三年三月二十一日第一次修訂，於中華
　　　　　　民國一〇九年九月二十五日第二次修訂。第一次修訂
　　　　　　條文自中華民國一〇三年三月三十一日起實施，但亦
　　　　　　得提前適用。第二次修訂條文自中華民國一〇九年
　　　　　　十二月二十五日起實施，但亦得提前適用。

第五號、評價工作底稿準則

壹、前言

第一條　本公報依據評價準則公報第一號「評價準則總綱」之流程
　　　　準則訂定。

第二條　評價人員及其所隸屬之評價機構編製、彙整、歸檔及保管
　　　　工作底稿時，應遵循本公報。

貳、定義

第三條　本公報用語之定義如下：

　　　　1.評價工作底稿：管理評價案件及支持評價人員之分析、
　　　　　意見及結論之紀錄。評價準則公報所稱工作底稿係指評
　　　　　價工作底稿。

2. 評價工作底稿檔案：為每一評價案件以紙本或其他儲存媒介彙整所有工作底稿之檔案。

3. 有經驗之評價人員：適度瞭解評價流程、評價標的及評價準則公報與相關法令規定，且具備專業學識及經驗，並經適當持續專業訓練之評價人員。

參、評價工作底稿基本準則

第四條　評價人員及其所隸屬之評價機構對所出具之評價報告應編製並保管工作底稿。每一份評價報告應單獨建立評價工作底稿檔案。

第五條　評價人員應及時編製工作底稿，並皆加註編製日期。

第六條　評價報告出具前，報告之依據均應已存在並已記錄於工作底稿。

第七條　評價工作底稿檔案應包括下列內容：

1. 為管理評價案件所編製之工作底稿。

2. 為執行評價工作所編製之工作底稿。評價工作底稿檔案應標示評價案件委任人之名稱、評價報告指定使用人之名稱及評價報告之類型。

第八條　工作底稿得以紙本、電子檔或其他儲存媒介記錄。

第九條　工作底稿之所有權，除法令或評價機構內部契約另有規定外，屬於評價機構。評價人員未隸屬於任何評價機構者，除法令另有規定外，工作底稿之所有權屬於評價人員。

肆、評價工作底稿之編製

第十條　評價人員所編製之工作底稿，應使有經驗之評價人員縱未參與該評價案件，亦能瞭解下列事項之詳細內容：

　　　　　　1. 評價案件之性質。

　　　　　　2. 評價執行流程，包括其時間及範圍。

　　　　　　3. 執行評價流程所得之結果，包括所達成之結論及達成該
　　　　　　　等結論之重大判斷及其依據。

第十一條　為管理評價案件所編製之工作底稿，係指評價人員就評
　　　　　價案件之承接、規劃及品質管制所作成之紀錄及相關資
　　　　　訊，其內容應包括：

　　　　　　1. 評價案件承接之評估。

　　　　　　2. 與委任人洽談之紀錄。

　　　　　　3. 委任書之簽訂。

　　　　　　4. 評價案件執行進度之規劃。

　　　　　　5. 確認評價工作已遵循評價準則公報及相關法令之紀
　　　　　　　錄。

第十二條　為執行評價工作所編製之工作底稿應包括下列內容：

　　　　　　1. 評價報告，包括評價人員之聲明事項。

　　　　　　2. 支持評價人員之分析、意見及結論之所有資訊。

第十三條　第十二條第二款所稱之資訊應包括下列內容：

　　　　　　1. 為瞭解可能影響評價標的價值之事項所蒐集及分析之
　　　　　　　資訊。

　　　　　　2. 假設及限制條件。

　　　　　　3. 評價工作範圍或資訊採用之限制。

　　　　　　4. 針對價值結論所採用之假設及採用之理由。

　　　　　　5. 已考量之評價方法，及其採用或未採用之理由。

　　　　　　6. 如有期後事項，評價人員所考量期後事項相關之資
　　　　　　　訊。

7. 如使用經驗法則，應具體說明該經驗法則之內容及如何運用該經驗法則。

8. 評價工作相關之其他資訊。

9. 使用資訊之來源。該等資訊如係取自其他機構，則應註明其出處及取得日期。

第十四條　評價人員與委任人或相關當事人對評價案件重大事項之討論，應列入工作底稿，其內容應包括討論之事項、對象、時間、地點及結論。

第十五條　評價案件相關之資訊如由委任人或相關當事人提供，應由該提供者簽章或以其他方式確認該資訊之來源及其責任。

第十六條　評價人員如於出具評價報告前向委任人說明價值結論，而委任人對價值結論有不同意見，評價人員經評估後出具與原價值結論不同之價值結論者，應將下列事項列入工作底稿：

1. 原價值結論及所出具之價值結論之內容。

2. 出具與原價值結論不同之價值結論之理由。

3. 對價值結論提出不同意見者之姓名、職稱、提出日期與地點及其意見內容。

第十七條　評價工作底稿檔案應編製目錄，工作底稿應註明交互索引及相關之評價報告項目。

伍、評價工作底稿檔案之彙整、歸檔及保管

第十八條　評價人員應於評價報告日後，及時完成評價工作底稿檔案之彙整及歸檔，並於完成與檔案彙整相關之檢查表後簽章及加註日期。

第十九條　評價工作底稿檔案之彙整係屬行政管理程序，並非執行新評價流程或產生新價值結論。評價工作底稿檔案彙整後，除釐清已作成之記載外，不得更改。如有更改，仍應簽章並加註日期。

第二十條　評價工作底稿檔案之彙整及歸檔應於評價報告日後六十天內完成。第二十一條　評價人員及其所隸屬之評價機構對於評價工作底稿檔案，應盡善良保管之責任。評價工作底稿檔案之保管年限，自評價報告日起算不得短於七年，法令規定年限較長者從其規定。但涉及訴訟程序或其他法律程序者，評價工作底稿檔案應保管至該程序結束時，惟自評價報告日起算仍不得短於七年。評價工作底稿檔案於保管年限屆滿前，不得刪除或銷毀之；保管年限屆滿並完成內部核准程序後，始得刪除或銷毀之。

第二十二條　評價人員及其所隸屬之評價機構對於評價工作底稿檔案，應盡保密責任，除下列情形外，其內容不得洩漏予第三者：

1. 法令或專業準則規定。
2. 同業自律，例如為遵循其評價專業組織之自律規範而進行之同業評鑑。
3. 委任人或相關當事人同意。

陸、附則

第二十三條　本公報於中華民國九十九年八月二十六日發布，於中華民國一○三年三月二十一日第一次修訂，於中華民

國一〇九年九月二十五日第二次修訂。第一次修訂條文自中華民國一〇三年三月三十一日起實施，但亦得提前適用。第二次修訂條文自中華民國一〇九年十二月二十五日起實施，但亦得提前適用。

第六號、財務報導目的之評價

壹、前言

第一條　本公報依據評價準則公報第一號「評價準則總綱」訂定。

第二條　評價人員執行財務報導目的之評價，應遵循本公報。

貳、定義

第三條　本公報用語之定義如下：

1. 財務報導目的之評價：評價人員對依據一般公認會計原則所報導之資產、負債及業主權益進行之評價。

2. 主要市場：報導企業得以最大交易量與最高活絡程度出售該資產或移轉該負債之市場。

3. 最有利市場：考量交易成本及運輸成本後，能以最大化金額出售資產之市場，或能以最小化金額移轉負債之市場。

4. 市場參與者：於資產或負債之主要市場（或最有利市場）中具有下列所有特性之買方及賣方：

    (1) 與報導企業相互獨立，意即並非關係人。

    (2) 對相關事實有合理瞭解，意即基於所有可得必要資訊而對涉及評價標的之交易有合理瞭解。該等必要

　　　資訊包括可經由一般且合乎慣例之審慎調查而取得
　　　者。

　　(3) 有從事該資產或負債交易之意願，意即非被迫進行
　　　　交易。

　　(4) 有從事該資產或負債交易之能力。

5. 收購價格分攤：企業依據一般公認會計原則，將企業合
　　併之收購成本分攤至所取得之個別資產與承擔之個別負
　　債。

6. 輸入值：市場參與者於決定資產或負債之價格時將會採
　　用之假設，包括與風險有關之假設，例如因個別評價模
　　式或其參數所具特性而存在之風險之相關假設。

7. 可觀察輸入值：使用市場資訊所建立之輸入值，諸如有
　　關實際事項或交易之公開可得資訊，且該等資訊反映市
　　場參與者將會使用於決定評價標的價格之假設。

8. 第一等級輸入值：於評價基準日，與評價標的相同之資
　　產或負債於活絡市場之價格。

9. 第二等級輸入值：除第一等級輸入值外，其他直接或間
　　接之可觀察輸入值，例如於評價基準日，類似資產於活
　　絡市場之價格或相同資產於非活絡市場之價格。

10. 第三等級輸入值：即不可觀察輸入值，係反映報導企
　　　業或評價人員自行依據當時情況下可得之最佳資訊，
　　　對市場參與者將會使用於決定評價標的價格之假設，
　　　所作之特定假設。

11. 收購價格所隱含之內部報酬率：使被收購企業在評價
　　　基準日之未來利益流量折現值與收購價格二者相等之

折現率，亦即收購者在收購交易時所接受之投資報酬率。

12. 加權平均資金成本：企業全部資金結構中各項資金之籌資成本，按各項資金之市場價值加權平均計算後之資金成本。

13. 加權平均資產報酬率：各類資產依其公允價值加權之平均報酬率。

參、基本準則

第四條　財務報導目的之評價標的為資產、負債或業主權益之個別項目或其群組。

第五條　評價人員應依據評價目的及一般公認會計原則之相關規定，與委任人確認評價基準日。

第六條　評價人員於承接財務報導目的之評價案件前，應要求委任人協助評價人員確認評價案件相關事項，必要時亦應要求委任人與其財務報表簽證或核閱會計師進行討論，俾評價人員確定工作範圍及評價案件所涉及之一般公認會計原則之規定。

第七條　評價人員執行財務報導目的之評價時，應優先遵循財務報導相關法令及一般公認會計原則之規定，其未規定者，則應遵循評價準則公報之規定。

第八條　評價人員執行財務報導目的之評價時，應熟悉相關一般公認會計原則，並充分瞭解一般公認會計原則與評價準則公報兩者間之關聯及差異。

第九條　執行財務報導目的評價所採用之價值標準，與執行非財務

報導目的評價所採用之價值標準，兩者可能不同；即使兩者之價值標準名稱相同，其定義仍可能有所不同。評價人員執行財務報導目的之評價時，應確認所應依據之相關一般公認會計原則及因而所應採用之價值標準，並於評價報告中敘明所依據之一般公認會計原則、所採用之價值標準及其定義。評價人員執行財務報導目的之評價時，應具體辨認價值前提，並於評價報告中敘明。

第十條　主要市場或最有利市場之選擇應以報導企業之立場判斷，若有主要市場，應優先考量主要市場之資訊。

第十一條　評價案件使用之輸入值類別分為可觀察輸入值（包括第一等級輸入值及第二等級輸入值）及不可觀察輸入值（即第三等級輸入值）。評價人員執行財務報導目的之評價時，應依序採用第一等級至第三等級之輸入值。

第十二條　評價人員執行定期性評價時，所採用之評價方法及輸入值等級應與前期一致。惟其他評價方法或其他等級輸入值較能反映評價標的之價值者，則評價人員應改採該評價方法或該等級輸入值。評價方法或輸入值等級與前期不一致時，評價人員應於評價報告中敘明改變之事實、理由及其影響；其影響無法估計者，則應敘明無法估計之事實及理由。

肆、企業合併之收購價格分攤

第十三條　評價人員執行一般公認會計原則所規定收購價格分攤之評價時，其評價標的為因收購所取得之個別可辨認資產及承擔之個別負債。收購價格分攤時，財務報導目的所

　　　　　　稱之商譽係指不可單獨辨認之無形資產，其價值之認定
　　　　　　應依一般公認會計原則處理。

第十四條　評價人員執行一般公認會計原則所規定收購價格分攤之
　　　　　　評價時，應基於市場參與者立場進行評價，而不應考量
　　　　　　收購者專屬之特定經濟效益。

第十五條　評價人員執行因企業合併所取得之無形資產評價時，應
　　　　　　先評估被收購企業之公允價值，包括評估被收購企業之
　　　　　　未來利益流量，以及採用足以充分反映該利益流量風險
　　　　　　之折現率。評價人員於評估公允價值時，應優先採用收
　　　　　　益法，若以其他評價方法評估時，亦應同時採用收益
　　　　　　法。

第十六條　評價人員執行因企業合併所取得之無形資產評價時，應
　　　　　　比較下列二者：
　　　　　　1.採用收益法評估之被收購企業之權益價值。
　　　　　　2.收購價格。
　　　　　　當前項第一款之價值與第二款之收購價格相當時，計算
　　　　　　該價值所使用之財務預測及折現率，始得作為評估個別
　　　　　　可辨認無形資產之參考基礎。當該價值與收購價格就金
　　　　　　額或相對比率顯著不相當時，應考量是否存有下列情
　　　　　　況：
　　　　　　1.評估被收購企業之權益價值時，所採用之財務預測不
　　　　　　　合理。
　　　　　　2.評估被收購企業之權益價值時，所採用之折現率不合
　　　　　　　理。
　　　　　　3.買方以過低價格收購，致收購價格較正常水準低。

4. 買方以過高價格收購，致收購價格較正常水準高。

5. 收購價格反映該收購之特定綜效。

6. 該收購非屬常規交易。

在上述情況下，評價人員採用未來利益流量及折現率作為無形資產評價之輸入值前，應決定是否進行必要之調整。

第十七條　評價人員執行因企業合併所取得之無形資產評價時，應評估個別資產報酬率之合理性，並綜合考量下列項目：

1. 收購價格所隱含之內部報酬率。

2. 反映被收購企業公允價值之加權平均資金成本。

3. 被收購企業之加權平均資產報酬率。

伍、減損測試

第十八條　評價人員執行一般公認會計原則所規定資產減損測試之評價時，評價標的應依所適用之一般公認會計原則辨認。

第十九條　評價人員執行資產減損測試之評價時，於評價過程中應注意評價標的可回收金額與帳面金額比較基礎之一致性。例如，若評價標的之帳面金額應減除負債，則其估計之可回收金額亦應減除負債。

陸、評價報告與揭露

第二十條　評價人員執行財務報導目的之評價時，應遵循評價準則公報第三號「評價報告準則」出具評價報告，並參考一般公認會計原則及評價準則公報於評價報告中作必要揭露，例如價值標準之定義、評價之重要假設、所採用評

價輸入值之等級、某些輸入值之敏感性分析及評價報告之使用限制等。

第二十一條　評價人員如因法令或一般公認會計原則導致無法遵循評價準則公報之規定，應於評價報告中敘明其無法遵循之情況及理由。

柒、附則

第二十二條　本公報於中華民國一○○年二月二十四日發布，於中華民國一○三年三月二十一日第一次修訂，於中華民國一○九年九月二十五日第二次修訂。第一次修訂條文自中華民國一○三年三月三十一日起實施，但亦得提前適用。第二次修訂條文自中華民國一○九年十二月二十五日起實施，但亦得提前適用。

第七號、無形資產之評價

壹、前言

第一條　本公報依據評價準則公報第一號「評價準則總綱」訂定。

第二條　評價人員執行無形資產之評價時，應遵循本公報。

第三條　評價人員執行無形資產之評價時，應先確認無形資產評價之目的，並就評價目的遵循相關法令，且採用適當之價值標準、價值前提、評價方法及評價輸入值。無形資產評價之目的通常包括：

1. 交易目的，例如：

(1) 企業全部或部分業務之收購或出售。

(2) 無形資產之買賣或授權，包括作價投資。

(3) 無形資產之質押或投保。

2. 稅務目的，例如規劃或申報。

3. 法務目的，例如訴訟、仲裁、調處、清算、重整或破產程序。

4. 財務報導目的。

5. 管理目的。

第四條　本公報所稱之利益流量，其衡量應以現金流量為原則；若採非現金流量，則應於評價報告中敘明其理由。

貳、定義

第五條　本公報用語之定義如下：

1. 無形資產係指：

(1) 無實際形體、可辨認及具未來經濟效益之非貨幣性資產。

(2) 商譽。

2. 商譽：指源自企業、業務或資產群組之未來經濟效益，且無法與企業、業務或資產群組分離者。此一定義係用於評價案件，可能與會計及稅務上對商譽之定義有所不同。

3. 貢獻性資產：與標的無形資產共同使用以實現與標的無形資產有關之展望性利益流量之資產。

4. 貢獻性資產之計提回收與報酬：貢獻性資產對於與標的無形資產共同使用而創造之利益流量之貢獻，簡稱貢獻性資產計提回報。貢獻性資產計提回報係貢獻性資產價

值之合理報酬，而於某些情況下，亦須考量貢獻性資產之回收。貢獻性資產之合理報酬係參與者對該資產所要求之投資報酬，而貢獻性資產之回收係該資產原始投資之回收。

5. 可辨認淨資產價值：採用評價方法所估計之所有可辨認之有形、無形及貨幣性資產價值合計數，減除採用評價方法所估計之所有實際及潛在之負債價值合計數後之淨額。

6. 確定性等值：係足以補償投資者參與一項結果不確定之風險事項之最低金額。確定性等值之概念係將某一風險事項（例如收到未來不確定收益）之報酬，以無風險事項（例如收到確定金額現金）予以表述。確定性等值可能因每個人對風險之態度不同而異。

7. 租稅攤銷利益：攤銷無形資產而產生之租稅利益。

8. 利潤分割法：係指依據各資產對利益流量之相對貢獻度以合理分配利益流量之方法。

9. 權利金率：係有意願之授權者與被授權者間，於標的無形資產經濟效益年限內，得以達成授權協議中計算權利金金額所依據之比率（例如營業額之百分比）或每單位金額（例如每銷售單位之權利金金額）。

參、無形資產評價之基本準則

第六條　評價人員評價無形資產時，應確認標的無形資產係屬可辨認或不可辨認。無形資產符合下列條件之一者，即屬可辨認：

1. 係可分離，即可與企業分離或區分，且可個別或隨相關合約、可辨認資產或負債出售、移轉、授權、出租或交換，而不論企業是否有意圖進行此項交易。

2. 由合約或其他法定權利所產生，而不論該等權利是否可移轉或是否可與企業或其他權利及義務分離。無形資產若屬不可辨認者，通常為商譽。

第七條　無形資產通常可歸屬於下列一種或多種類型，或歸屬於商譽：

1. 行銷相關：行銷相關之無形資產主要用於產品或勞務之行銷或推廣。例如商標、營業名稱、獨特之商業設計及網域名稱。

2. 客戶相關：客戶相關之無形資產包括客戶名單、尚未履約訂單、客戶合約，以及合約性及非合約性之客戶關係。

3. 文化創意相關：文化創意相關之無形資產源自於對文化藝術創意作品（例如戲劇、書籍、電影及音樂）所產生收益之權利，以及非合約性之著作權保護。

4. 合約相關：合約相關之無形資產代表源自於合約性協議之權利價值。例如授權及權利金協議、勞務或供應合約、租賃協議、許可證、廣播權、服務合約、聘僱合約、競業禁止合約，以及對自然資源之權利。

5. 技術相關：技術相關之無形資產源自於使用專利技術、非專利技術、資料庫、配方、設計、軟體、流程或處方之合約性或非合約性權利等。

第八條　評價人員評價可辨認無形資產時，應界定及描述標的無形

資產之特性。無形資產之特性包括：

1. 功能、市場定位、全球化程度、市場概況、應用能耐及形象等。

2. 所有權或特定權利及其狀態。

第九條　評價人員承接無形資產之評價案件時，除應依相關評價準則公報與委任人確認必要事項外，應特別與委任人確認標的無形資產將單獨評價或與其他資產合併評價，亦應特別考量標的無形資產之下列相關事項：

1. 權利狀態及法律關係，例如產權歸屬、是否受相關法令保護及是否曾涉及爭訟。

2. 經濟效益，例如獲利能力、成本因素、風險因素及市場因素。

3. 剩餘經濟效益年限。

第十條　評價人員評價無形資產時，應依評價案件之委任內容及目的，決定採用市場價值或市場價值以外之價值作為價值標準。採用市場價值以外之價值為價值標準之情況，可能包括：

1. 作為投資決策之依據。

2. 作為處理稅務及法務相關事務之依據。

3. 依一般公認會計原則之規定，以使用價值測試無形資產是否減損。

4. 評估資產之使用效益。

第十一條　（刪除）

第十二條　當評價人員採用市場價值以外之價值作為價值標準時，應判斷是否須將企業特定因素納入考量。

第十三條　評價人員執行無形資產評價時，應與委任人討論標的無形資產可能被使用之情境假設，並判斷擬採用之價值前提之合理性，據以決定適當之價值前提。

第十四條　評價人員於決定無形資產評價方法及其下之評價特定方法時，應考量該等評價特定方法之適當性及評價輸入值之穩健性，並應將所採用之評價特定方法及理由於評價報告中敘明。

第十五條　評價人員如擬僅採用單一之評價方法或評價特定方法評價無形資產時，應取得足以充分支持所採用方法之可觀察輸入值或事實，否則應採用多種之評價方法或評價特定方法。評價人員如採用兩種以上之評價方法或評價特定方法時，應對採用不同評價方法所得之價值估計間之差異予以分析並調節，即評價人員應綜合考量不同評價方法（或評價特定方法）與價值估計之合理性及所使用資訊之品質與數量，據以形成合理之價值結論。若評價人員選擇以對每一價值估計給予權重之方式分析並調節不同價值估計間之差異，評價人員應於評價報告中敘明所給予之權重及其理由。

第十六條　評價人員不論採用何種評價特定方法評價無形資產，均應對各評價特定方法之輸入值及結果進行合理性檢驗，必要時進行敏感性分析，並應將分析之方法與結果記錄於工作底稿。

第十七條　評價人員評價無形資產時，應估計其剩餘經濟效益年限及殘值，並於評價報告中敘明如何估計。

第十八條　商譽之價值為採用評價方法所估計之企業權益價值減除

可辨認淨資產價值後之剩餘金額。商譽通常包括下列要
素：

1. 兩個或多個企業合併所產生之專屬綜效（例如營運成
   本之減少、規模經濟及產品組合之動態調整等）。
2. 企業擴展業務至不同市場之機會。
3. 人力團隊所產生之效益（但通常不包括該人力團隊成
   員所發展之任何智慧財產）。
4. 未來資產所產生之效益，例如新客戶及未來技術。
5. 組合及繼續經營價值。若評價標的為業務或資產群組
   時，其商譽之處理應準用前兩項規定。

肆、無形資產之評價方法

第十九條　評價人員評價無形資產時，常用之評價特定方法包括：
1. 收益法下之超額盈餘法、增額收益法及權利金節省
   法。
2. 市場法下之可類比交易法。
3. 成本法下之重置成本法及重製成本法。
評價人員於必要時應考量是否可採用其他適當方法評價
無形資產，例如實質選擇權評價模式。

收益法

第二十條　評價人員採用收益法評價無形資產時，未來利益流量之
風險應反映於利益流量之估計、折現率之估計或兩者之
估計，惟不得遺漏或重複反映。

第二十一條　評價人員採用收益法評價無形資產時，應蒐集展望性
財務資訊作為收益法之輸入值。展望性財務資訊應包
括利益流量之金額、時點及不確定性之資訊。

第二十二條　超額盈餘法係排除可歸屬於貢獻性資產之利益流量後，計算可歸屬於標的無形資產之利益流量並將其折現，以決定標的無形資產之價值。超額盈餘法通常適用於客戶合約、客戶關係、技術或進行中之研究及發展計畫之評價。

第二十三條　增額收益法係比較企業使用與未使用標的無形資產所賺取之未來利益流量，以計算使用該無形資產所產生之預估增額利益流量並將其折現，以決定標的無形資產之價值。

第二十四條　權利金節省法係經由估計因擁有標的無形資產而無須支付之權利金並將其折現，以決定標的無形資產之價值。前項之權利金係指在假設性之授權情況下，被授權者在經濟效益年限內須支付予授權者之全部權利金，並經適當調整相關稅負與費用後之金額。

市場法

第二十五條　評價人員採用市場法評價無形資產時，應特別注意標的無形資產與可類比資產之相似程度，詳細分析可類比項目及可類比程度，並就可類比性不足之部分進行必要之調整。

第二十六條　可類比交易法為市場法下之評價特定方法，係參考相同或相似資產之成交價格、該等價格所隱含之價值乘數及相關交易資訊，以決定標的資產之價值。評價人員採用可類比交易法評價無形資產時，應特別注意可類比交易之相關特性，以決定該等交易價格參考之適當性。

成本法

第二十七條　成本法主要用於評價不具可辨認利益流量之無形資產。該等無形資產通常係由企業內部產生並用於企業內部，例如管理資訊系統、企業網站及人力團隊。若無形資產之評價得採用市場法或收益法時，不得以成本法為唯一評價方法。

伍、解釋與應用

收益法

第二十八條　收益法所採用之利益流量為未來將實際發生或假設情境下之數值。收益法下之所有評價特定方法皆高度依賴展望性財務資訊，包括：
1. 預估之收入。
2. 預估之毛利及營業利益。
3. 預估之稅前及稅後淨利。
4. 預估之息前（後）及稅前（後）之現金流量。
5. 估計剩餘經濟效益年限。

第二十九條　評價人員採用收益法評價無形資產時，應考量是否有租稅攤銷利益，以反映資產所產生之收益不僅包括透過使用產生之直接收益，亦可能包括因資產攤銷而導致應付稅額減少之事實。評價人員決定該利益金額時，應考量影響企業攤銷無形資產之因素，包括課稅管轄權及相關之稅法、稅率與攤銷年限。

第三十條　若評價案件之價值標準為市場價值，則租稅攤銷利益僅於市場參與者在該租稅制度下通常可取得者，始應於利益流量中予以調整。若評價案件之價值標準非為市場價

值，則租稅攤銷利益僅於該企業可取得者，評價人員始應判斷是否須於利益流量中予以調整。

展望性財務資訊

第三十一條　評價人員評價無形資產時，應決定標的無形資產之預估利益流量，並採用與其相對應之折現率。若預估利益流量已完全反映風險，則折現率應僅反映貨幣時間價值。若預估利益流量未完全反映風險，則折現率應反映尚未反映於利益流量之風險與貨幣時間價值。評價人員應依下列方式決定預估利益流量及其相對應適用之折現率：

1. 當預估利益流量係合約性、已承諾或最可能之利益流量，且尚未反映標的無形資產未來利益流量之風險時，應採用足以反映該利益流量風險之適當折現率，以折現利益流量。

2. 當應用確定性等值觀念時，評價人員應將未來利益流量風險之假設納入預估利益流量中，俾據以估計確定性等值利益流量；若未能直接估計確定性等值利益流量，則得以期望利益流量減除風險溢酬金額後之風險調整後期望利益流量，間接估計確定性等值利益流量。若該確定性等值利益流量已完全反映標的無形資產之風險，則應以無風險利率折現，以反映其貨幣時間價值。

3. 當預估利益流量係期望利益流量，且尚未充分反映標的無形資產未來利益流量之風險時，應採用足以反映該期望利益流量風險之適當折現率，以折現利

益流量。

第三十二條　評價人員評價無形資產時，應確保預估利益流量僅反映評價基準日之標的無形資產所預期產生之利益流量。預期產生之利益流量係指在合理之預期維持性支出情況下可達成之利益流量，不得包括因未來增額投資而可獲得之利益流量。

第三十三條　展望性財務資訊之預估期間須與標的無形資產之預期剩餘經濟效益年限一致。該預估期間通常可分為兩階段，第一階段為利益流量成長率成為常數前之期間，並估計各年之展望性財務資訊，第二階段為第一階段後之剩餘期間。

第三十四條　展望性財務資訊之估計應考量下列因素：

1. 使用標的無形資產所創造之預期收入及其市場佔有率。

2. 標的無形資產之歷史性利潤率，及反映市場預期下之預測性利潤率。

3. 與標的無形資產有關之所得稅支出。

4. 企業使用標的無形資產所需之營運資金與資本支出。

5. 預估期間之收益成長率。該收益成長率應反映相關產業、經濟及市場預期。評價人員應評估管理階層所提供各項估計數之可實現性；若管理階層所提供之估計數不具可實現性，評價人員不得採用。展望性財務資訊所含之假設及其來源應於評價報告中敘明。

第三十五條　評價人員評價無形資產時，在少數情況下，若經濟效益年限經評估為永續且因而以永續基礎預測利益流量，則所採用之利益流量永續成長率，除可證明採用較高之成長率係屬合理外，不得高於針對下列任何一項所估計之個別預期長期平均成長率：

1. 使用標的無形資產之產品。

2. 使用標的無形資產之市場。

3. 所處產業。

4. 所涉及之國家或區域。

第三十六條　評價人員採用來自不同來源之展望性財務資訊時，應就重大項目進行逐項評比分析，以評估該等資訊之適當性。若評價案件之價值標準為市場價值時，評價人員並應比較輸入值與源自市場之資訊，以評估及增進該等輸入值之正確性及可靠性。

第三十七條　評價人員就展望性財務資訊進行逐項評比分析以決定無形資產之市場價值時，應就成長率、獲利率、稅率、營運資金及資本支出與市場參與者之相對應資訊比較。

第三十八條　評價人員應考量影響展望性財務資訊輸入值之經濟與政治展望及相關之政府政策，並評估諸如匯率、通貨膨脹及利率等因素對特定市場及產業之影響。

第三十九條　評價人員採用展望性財務資訊時，應執行敏感性分析，以評估所根據之假設中參數值變動對標的無形資產價值之影響，並應再次檢視敏感性較高之展望性財務資訊要素，以確保其假設已反映所有可得之攸關資

訊且盡可能穩健。

折現率

第四十條　評價人員於選用評價無形資產所使用之折現率時，應辨認及評估與標的無形資產有關之風險，並考量可觀察之折現率指標。無形資產之折現率通常高於使用該無形資產之企業之整體折現率。

第四十一條　評價人員對利益流量折現時，應評估及辨認利益流量於各期內發生之時點，並決定適當之折現期間。若利益流量係於每一期內平均發生，則應假設為期中發生。

資本化率

第四十二條　評價人員僅於未來永續期間各期利益流量皆按固定比率成長（減少）時，始得採用資本化率將該期間利益流量轉換為單一金額。評價人員使用資本化率時，應於評價報告中敘明如何確認未來期間為永續及該成長（減少）比率為固定。

剩餘經濟效益年限

第四十三條　評價人員評估無形資產之剩餘經濟效益年限時，應至少考量下列因素：

1. 合約。
2. 法令。
3. 技術或功能。
4. 無形資產本身之生命週期。
5. 使用無形資產之產品之生命週期。
6. 經濟因素。評價人員應於評價報告中敘明無形資產

之剩餘經濟效益年限及其依據。

超額盈餘法

第四十四條　評價人員採用超額盈餘法評價無形資產時，至少應進
　　　　　　行下列步驟以評估標的無形資產之各期超額盈餘：

1. 預估標的無形資產與相關貢獻性資產產生之全部收
入及費用。
2. 辨認可能存在之各項貢獻性資產。
3. 逐項估計貢獻性資產之要求報酬。
4. 自預估收入減除相關費用後之淨額，再減除貢獻性
資產之要求報酬。

第四十五條　評價人員採用超額盈餘法評價無形資產時，至少應決
　　　　　　定下列評價輸入值：

1. 使用標的無形資產之企業或資產群組之預估利益流
量總額。
2. 所有貢獻性資產計提回報。
3. 將可歸屬於標的無形資產之預估利益流量轉換為現
值之適當折現率。
4. 標的無形資產可適用之租稅攤銷利益。

第四十六條　評價人員評價進行中之研究及發展計畫、客戶關係、
　　　　　　客戶合約或其他性質特殊之無形資產時，若無可類比
　　　　　　交易或無法辨認可單獨歸屬於該無形資產之利益流
　　　　　　量，則應優先採用超額盈餘法。若存在兩項以上前述
　　　　　　資產時，評價人員應確認何項資產最適用超額盈餘
　　　　　　法，而其他該等資產則應採用其他方法評價，並據以
　　　　　　決定其他該等資產之計提回報；評價人員亦得採用利

潤分割法，並據以合理分配利益流量於該等資產，惟
應於評價報告中具體說明各該等資產利益流量之相對
貢獻度。

貢獻性資產之計提回收與報酬

第四十七條　評價人員估計貢獻性資產計提回報時，應採用與利益
　　　　　　流量一致之基礎，例如若以稅後基礎估計利益流量，
　　　　　　則亦應以稅後基礎估計貢獻性資產計提回報。

第四十八條　估計貢獻性資產計提回報之基本原則如下：

　　　　　　1. 對所有已辨認之各項貢獻性資產（包括依一般公
　　　　　　　認會計原則未單獨認列之無形資產，例如人力團
　　　　　　　隊），均應估計其回報或報酬。

　　　　　　2. 貢獻性資產應反映足以支持展望性財務資訊之合水
　　　　　　　準。

　　　　　　3. 貢獻性資產計提回報不得重複扣除，亦不得遺漏。

　　　　　　4. 當貢獻性資產對多項業務之利益流量有貢獻時，應
　　　　　　　將其計提回收與報酬分攤至該等業務。

第四十九條　估計各項貢獻性資產計提回報通常包括下列步驟：

　　　　　　1. 評估貢獻性資產之貢獻及其程度。

　　　　　　2. 估計貢獻性資產之回收金額。

　　　　　　3. 估計貢獻性資產之市場價值。

　　　　　　4. 估計合理反映貢獻性資產風險之要求報酬率。

　　　　　　5. 依據第三款及第四款估計貢獻性資產之要求報酬金
　　　　　　　額。

第五十條　貢獻性資產通常包括下列項目：

　　　　　　1. 營運資金。

　　2. 固定資產。

　　3. 人力團隊資產。

　　4. 其他有形資產及無形資產。

第五十一條　評價人員於估計貢獻性資產計提回報時，不就營運資金計提其投資之回收，但仍應計提其投資報酬。該投資之報酬率得參考合理反映該投資風險之市場利率。

第五十二條　評價人員於估計有形資產投資之回收與報酬時，應採下列方式之一：

　　1. 直接估計回收與報酬兩者之合併金額。在此情況下，得參考合理反映該資產風險之租賃合約所提供之回收與報酬。

　　2. 分別估計有形資產投資之回收金額與報酬金額。在此情況下，估計該回收金額時，得參考合理估計之折舊費用或類似費用之金額；估計該報酬金額時，得參考以融資方式購買該資產且合理反映該資產風險之市場利率。

第五十三條　評價人員於估計貢獻性資產計提回報時，不就人力團隊計提其投資之回收，但仍應計提其投資報酬。該投資之報酬率得參考企業權益之資金成本並作合理之調整。

第五十四條　評價人員於估計無形資產投資之回收與報酬時，應採下列方式之一：

　　1. 直接估計回收與報酬兩者之合併金額。在此情況下，得參考因使用該資產而須支付之合理假設性權利金金額。

　　　　　　2. 分別估計無形資產投資之回收金額與報酬金額。在
　　　　　　　此情況下，估計該回收金額時，得參考合理估計之
　　　　　　　攤銷費用之金額；估計該報酬金額時，應採用合理
　　　　　　　反映該資產風險之要求報酬率。

第五十五條　評價人員應檢查並確認各項貢獻性資產計提回報之合
　　　　　　理性。評價人員應依據所有各項資產之市場價值計算
　　　　　　加權平均資產報酬率，並應確認該報酬率與企業之加
　　　　　　權平均資金成本相當。

增額收益法

第五十六條　評價人員採用增額收益法時，若評價案件之價值標準
　　　　　　為市場價值，則應考量下列評價輸入值：

　　　　　　1. 市場參與者使用標的無形資產所預期產生之各期利
　　　　　　　益流量。

　　　　　　2. 市場參與者未使用標的無形資產所預期產生之各期
　　　　　　　利益流量。

　　　　　　3. 適用於預估各期之增額利益流量之適當資本化率或
　　　　　　　折現率。若評價案件之價值標準非為市場價值，則
　　　　　　　評價人員應判斷是否須將企業特定因素納入考量。

增額收益

第五十七條　增額收益法之關鍵輸入值為預估增額利益流量。預估
　　　　　　增額利益流量為下列兩者之差額：

　　　　　　1. 使用標的無形資產可達成之利益流量。

　　　　　　2. 未使用標的無形資產可達成之利益流量。

　　　　　　估計預估增額利益流量時，至少應考量下列項目：

　　　　　　1. 擁有標的無形資產之個體使用該無形資產之活動。

2. 使用相同或類似無形資產之其他個體,且相關資訊可公開取得者。

3. 參考資料來源,即參考資料係來自公開或評價人員專有之資料庫。

4. 可得之研究報告。

第五十八條　評價人員估計使用標的無形資產可達成之利益流量及未使用標的無形資產可達成之利益流量時,應確認兩者皆未使用與標的無形資產同性質之其他無形資產,以避免錯估標的無形資產之價值。例如以品牌為評價標的,於評估使用該品牌之利益流量時,應先確認並未使用其他品牌。為使比較基礎一致,評估未使用該品牌之利益流量時,亦應先確認並未使用任何其他品牌;若無法確認並未使用任何其他品牌,除可確認該任何其他品牌之價值接近於零外,應改用其他方法。

第五十九條　評價人員估計使用標的無形資產可達成之利益流量時,為避免低估或高估標的無形資產之價值,應確認已加計或減除進行配套活動與使用貢獻性資產之必要收支。例如執行品牌價值評估而估計使用該品牌可達成之利益流量時,應減除該品牌之維護支出;又如執行新製造技術價值評估而估計使用該技術可達成之利益流量時,應考量為使用該技術而必須投入之額外機器設備投資之回收與報酬。

權利金節省法

第六十條　評價人員採用權利金節省法評價無形資產時,應估計若該無形資產係被授權使用而應支付之全部權利金。全部

權利金可能包括：

1. 連結利益流量（例如營業額）或其他參數（例如銷售單位數）之持續性金額。

2. 未連結利益流量或其他參數之特定金額（例如依研發階段支付者）。計算權利金時，評價人員應設定權利金率及未連結利益流量或其他參數之特定金額，並列為關鍵輸入值。

第六十一條　評價人員採用權利金節省法時，至少應考量下列評價輸入值：

1. 權利金率及相關參數之預測值。

2. 所設定之權利金支付金額可節稅之比率。

3. 由授權者負擔之行銷成本及其他資產使用成本。

4. 折現率或資本化率。

5. 標的無形資產之租稅攤銷利益。

權利金率

第六十二條　評價人員建立權利金率時，可使用兩種方法推估假設性之權利金率。第一種方法係基於可類比或類似交易之市場權利金率，此方法之前提為須存在以常規交易授權之可類比無形資產。評價人員可參考標的無形資產目前及過去之授權協議，或者參考市場中可得之相同或可類比資產之授權協議，並辨認可類比無形資產與標的無形資產間之差異及可類比權利金協議間之差異，且進行必要調整。評估前項差異時，至少應考量下列項目：

1. 可能影響權利金率之授權者與被授權者因素，例如

　　　　　　　　兩者為關係人。

2. 授權範圍與條件，例如專屬授權。

3. 授權者或被授權者所須負擔之成本，例如行銷或廣
　告成本。

4. 授權相關日期或期間，包括契約成立日、有效期間
　及授權使用期間。

5. 其他因素，例如標的無形資產之市場定位、涵蓋區
　域、功能及其所應用之市場（企業對企業或企業對
　個人）。第二種方法係利潤分割法，即基於有意願
　之被授權者就使用標的無形資產之權利，在假設性
　之常規交易下願意分割予有意願之授權者之利潤。
　合理之利潤分割比例係依案件之實際情況所決定，
　例如依授權者與被授權者為使資產產生預期利潤所
　須之相對貢獻比例決定。

第六十三條　計算權利金利益流量時，應考量所參考授權協議之約
　　　　　　定，若該約定要求由授權人負擔維護支出（例如廣告
　　　　　　或維護性之研究及發展）、其他支援支出或相關租稅
　　　　　　支出，則權利金利益流量之計算，應減除該等支出。

第六十四條　評價人員應對所選定之權利金率進行合理性檢驗。例
　　　　　　如，當評價人員所選定之權利金率係使用第六十二條
　　　　　　所述之第一種方法推估時，評價人員可使用利潤分割
　　　　　　法對所選定之權利金率進行合理性檢驗；當評價人員
　　　　　　所選定之權利金率係使用利潤分割法推估時，評價人
　　　　　　員可參考以常規交易授權之近似資產之權利金率對所
　　　　　　選定之權利金率進行合理性檢驗。

第六十五條　評價人員採用權利金節省法時，應盡專業上應有之注意，蒐集可作爲參考之授權協議之相關資訊，評估其充分性，並於評價報告中敘明充分性之評估結果。評價人員對應參考之授權協議，須取得該協議之充分資訊。對重大但經評估後不參考之授權協議，應將不參考之理由列入工作底稿，並應於評價報告中特別敘明不參考之理由及其影響；若該影響無法以數字表達時，得以文字敘明。

市場法

第六十六條　可類比交易法之必要輸入值包括：

1. 相同或類似無形資產之價值乘數或交易價格。

2. 對所參考之價值乘數或交易價格所作之調整。評價人員若無法取得充分資訊以進行前項所稱之調整，則應放棄參考該價值乘數或交易價格，或放棄採用可類比交易法。第一項所稱之價值乘數係以資產之交易價格除以某一財務參數（例如盈餘）或非財務參數（例如客戶數）。第一項所稱之交易價格通常係指市場活動中相同或類似無形資產之已成交價格，但極少數情況下亦得參考目前進行中交易或過去交易之買方報價或賣方報價。

第一項所稱之調整應反映標的無形資產與所參考無形資產間之相關差異，該等差異包括：

1. 資產之特性，包括功能、應用之地理區域及應用之市場（例如企業對企業或企業對個人之市場）。

2. 交易市場之特性（例如市場情況）。

　　3. 市場參與者之特性（例如可能影響價格之特定買方或賣方）。

　　4. 交易之特性，包括交易條件及情況。

　　5. 交易之時點。

可類比交易價格

第六十七條　評價人員於評價無形資產時，得參考標的無形資產之過去交易價格，惟應比照第六十六條第五項作必要之調整。

第六十八條　評價人員採用可類比交易法時，應盡專業上應有之注意，蒐集可作為參考之交易資訊，評估其充分性，並於評價報告中敘明充分性之評估結果。評價人員對應參考之交易，須取得該交易之充分資訊。對重大但經評估後不參考之交易，應將不參考之理由列入工作底稿，並應於評價報告中特別敘明不參考之理由及其影響；若該影響無法以數字表達時，得以文字敘明。

第六十九條　評價人員應先辨認影響評價標的價值之因素，並與擬參考可類比交易進行逐項評比分析，必要時亦應包括項目間相互影響之分析，並依其結果調整所參考之價值乘數或交易價格，以合理反映標的無形資產之價值。前項評比分析結果對價值之影響若無法量化時，評價人員應於工作底稿中具體敘明該等質性資訊。

成本法

第七十條　評價人員採用成本法評價無形資產時，應依據標的無形資產之特性採用重置成本法或重製成本法。評價人員應依據可得之資訊將所有必要合理之現時成本納入重置成

本或重製成本之計算。

第七十一條　評價人員採用成本法評價無形資產時應考量下列因素：

1. 建置能提供與標的無形資產完全相同或效用相近之資產所發生之直接及間接成本，包括人工、原料及製造費用。

2. 標的無形資產之陳舊過時情況。縱使標的無形資產並無功能性或物理性之陳舊過時，其仍可能有經濟性之陳舊過時。

3. 成本中是否已納入適當之利潤加成。自第三方取得資產之價金，可假設已反映與產生該資產有關之成本及其投資之必要報酬。以來自第三方之估計為基礎所發展之成本，通常假設已反映利潤加成。

4. 是否反映因未擁有標的無形資產而在購買或製作標的無形資產期間之機會成本。

第七十二條　評價人員採用成本法評價無形資產時，應於評價工作底稿記錄下列項目：

1. 選用重置成本法或重製成本法之理由。

2. 對重置成本或重製成本所作調整之項目、幅度及理由。

3. 若重置成本及重製成本兩者皆被衡量時，如何擇定作為價值結論及其理由。

陸、評價報告與揭露之規定

第七十三條　評價人員執行無形資產之評價時，應遵循評價準則公

報第三號「評價報告準則」出具評價報告。

第七十四條　評價人員應於評價報告中敘明無形資產係單獨評價或與其他資產合併評價；若係合併評價，評價人員應於評價報告說明理由及合併評價之資產。第七十五條評價人員評價無形資產時，應就所採用之評價方法於評價報告中具體敘明下列事項：

1. 收益法：下列兩項數值間之差異：
   (1) 作成展望性財務資訊所依據之重大財務資訊項目之預期性數值。
   (2) 該等項目之歷史性數值。
2. 市場法：可類比項目、程度及相關之必要調整。
3. 成本法：陳舊過時項目、程度及相關之必要調整。
   評價人員若以市場法或成本法為唯一評價方法，則應於評價報告中敘明其適用性及排除其他評價方法之理由。

第七十六條　評價人員出具無形資產評價報告時，除第七十三至七十五條外，尚應遵循本公報之其他揭露規定。

柒、附則

第七十七條　本公報於中華民國一○一年九月二十八日發布，於中華民國一○三年三月二十一日第一次修訂，於中華民國一○九年九月二十五日第二次修訂。第一次修訂條文自中華民國一○三年三月三十一日起實施，但亦得提前適用。第二次修訂條文自中華民國一○九年十二月二十五日起實施，但亦得提前適用。

第八號、評價之複核

壹、前言

第一條　爲規範及提升評價複核之品質，特訂定本公報。

第二條　評價複核人員執行評價複核，應遵循本公報。

第三條　評價複核人員應具備評價人員之專業能力及相當評價經驗，遵循評價準則公報之規定，盡專業上應有之注意，避免重大疏失或遺漏，以提出可信賴之複核意見。

第四條　評價複核之標的可能爲：

1. 整體評價案件。
2. 評價報告。
3. 局部評價工作。

貳、定義

第五條　本公報用語之定義如下：

1. 評價複核：評價人員以獨立公正之立場複核另一評價人員之整體評價案件、評價報告或局部評價工作，以評估其允當性及品質。
2. 評價複核人員：執行評價複核之評價人員。
3. 評價複核報告：評價複核人員對複核結果所出具之書面報告。

參、基本準則

第六條　評價複核人員執行評價複核案件時，應妥適規劃並執行適當複核流程，以形成評價複核結論並據以出具評價複核報告。

第七條　評價複核人員承接評價複核案件時，應與委任人確認評價複核之標的，並與委任人簽訂評價複核委任書。

第八條　評價複核人員應辨認評價複核工作之範圍是否構成新的評價案件。若委任人要求提出價值結論，則此委任案件應屬評價案件。

第九條　評價複核人員及其所隸屬之評價機構於執行評價複核時，應維持形式上及實質上之獨立性。為維持該獨立性，評價複核人員及其所隸屬之評價機構不得與評價人員為同一人或同一機構，且不得與評價人員及其所隸屬之評價機構、評價標的、複核案件委任人、評價案件委任人或相關當事人涉有除該案件酬金以外之現在或預期之重大財務或非財務利益。評價複核人員於承接評價複核案件及報告評價複核結果時，皆應出具獨立性聲明書。

第十條　評價複核人員對複核過程中所獲得或知悉之資訊應予以保密，但因法令或專業準則規定、同業自律或已取得委任人或相關當事人書面同意者，不在此限。

第十一條　評價複核人員承接評價複核案件時，應確認下列事項：
1. 複核案件之委任人及評價複核報告之使用人、複核案件之目的及評價複核報告之用途。
2. 複核案件之基本事項，包括複核工作結束日、評價標的、評價目的、評價基準日、價值標準及價值前提。
3. 評價複核人員所具備之專業學識、經驗與持續專業訓練。
4. 複核案件之重大假設及限制條件。
5. 複核案件應執行之流程。

第十二條　評價複核人員執行評價複核時，應評估評價人員是否已適當考量存在於評價基準日止可得之資訊，及其對於期後事項是否已依評價準則公報之規定處理。評價複核人員應採用評價報告日止可得之資訊以評估評價複核之標的之品質，評價報告日止不可得之資訊不得作為評估評價複核之標的品質之依據，亦不得作為不同意評價人員評價結果之依據，惟若該等資訊係屬重大者應予以揭露。

第十三條　評價複核人員於必要時，應尋求具備相關專業知識之外部專家協助，並於評價複核報告中揭露該專家之資格、如何採用其所提供之資訊或意見，以及外部專家與評價複核人員及其所隸屬之評價機構、評價人員及其所隸屬之評價機構、評價標的、複核案件委任人、評價案件委任人或相關當事人間未涉有除協助該案件所應得酬金以外之現在或預期之重大財務或非財務利益。

第十四條　評價複核人員執行財務報導目的之評價複核時，應瞭解並依據財務報導相關法令、一般公認會計原則及評價準則公報之規定，以評估整體評價案件、評價報告或局部評價工作是否遵循相關規定。

第十五條　評價複核人員應於完成必要複核流程後，作成同意或不同意評價流程中各項參數之採用及各項推論之複核結論。

第十六條　評價複核人員應參照評價準則公報第五號「評價工作底稿準則」之規定，處理評價複核之工作底稿。

肆、整體評價案件之複核

第十七條　若評價複核之標的為整體評價案件，則評價複核人員應取得評價委任書、評價報告及評價工作底稿，並應於評價複核委任書中載明此一要求。

第十八條　評價複核人員執行整體評價案件複核時，應依評價準則公報第二號「職業道德準則」、第四號「評價流程準則」及其他相關規定，評估評價人員承接評價案件及簽訂評價委任書之適當性，包括對獨立性、專業能力、評價工作時程、公費合理性及所處環境之風險等項目之評估，並就各項目形成意見。

第十九條　評價複核人員執行整體評價案件複核時，應逐項評估下列項目是否遵循評價準則公報，以檢測評價工作執行及評價結果報告之一致性與可信賴程度：

1. 評價報告是否充分反映所應涵蓋受委任之評價工作範圍。

2. 評價執行流程之完整性、正確性及合理性。

3. 工作底稿內容之完整性、其所使用資料來源之適當性及其支持評價報告之程度。

4. 評價人員所採用資訊及所執行查詢之充分性及攸關性。

5. 評價人員所採用評價方法及評價特定方法之適當性。

6. 評價人員所作之各項調整之攸關性及適當性。

7. 評價人員所作之分析、判斷及結論之適當性、合理性及其是否可被支持。

8. 評價人員如於出具評價報告前向委任人或其同意之相

關當事人說明價值結論而委任人或相關當事人對價值結論有不同意見，評價人員經評估後出具與原價值結論不同之價值結論者，其出具與原價值結論不同之價值結論之適當性。評價複核人員應就前項各款逐項形成意見，若與評價人員有不同意見時，應提出理由。

伍、評價報告之複核

第二十條　若評價複核之標的為評價報告，則應以詳細評價報告為原則。若評價複核之標的為詳細評價報告，則評價複核人員應取得評價委任書及詳細評價報告，以及必要時應取得評價工作底稿，並應於評價複核委任書中載明此一要求。若評價複核之標的為簡明評價報告，則評價複核人員應取得評價委任書、簡明評價報告及評價工作底稿，並應於評價複核委任書中載明此一要求。

第二十一條　評價複核人員執行評價報告複核時，應逐項評估下列項目是否遵循評價準則公報，以檢測評價工作執行及評價結果報告之一致性與可信賴程度：

1. 評價報告是否充分反映所應涵蓋受委任之評價工作範圍。
2. 評價執行流程之完整性、正確性及合理性。
3. 詳細報告或工作底稿內容之完整性、其所使用資料來源之適當性及其支持價值結論之程度。
4. 評價人員所採用資訊及所執行查詢之充分性及攸關性。
5. 評價人員所採用評價方法及評價特定方法之適當

性。

6. 評價人員所作之各項調整之攸關性及適當性。

7. 評價人員所作之分析、判斷及結論之適當性、合理性及其是否可被支持。

8. 評價人員如於出具評價報告前向委任人或其同意之相關當事人說明價值結論而委任人或相關當事人對價值結論有不同意見，評價人員經評估後出具與原價值結論不同之價值結論者，其出具與原價值結論不同之價值結論之適當性。評價複核人員應就前項各款逐項形成意見，若與評價人員有不同意見時，應提出理由。

陸、局部評價工作之複核

第二十二條　若評價複核之標的為局部評價工作，則評價複核人員應取得評價委任書、評價報告及評價工作底稿三者中各與該局部評價工作有關之部分，並應於評價複核委任書中載明此一要求。

第二十三條　評價複核人員執行局部評價工作複核時，應評估下列與該局部評價工作有關之項目是否遵循評價準則公報，以檢測其一致性與可信賴程度：

1. 評價報告是否充分反映所應涵蓋受委任之評價工作範圍。

2. 評價執行流程之完整性、正確性及合理性。

3. 相關工作底稿內容之完整性、其所使用資料來源之適當性及其支持該局部評價工作執行結果之程度。

4. 評價人員所採用資訊及所執行查詢之充分性及攸關性。

5. 評價人員所採用評價方法及評價特定方法之適當性。

6. 評價人員所作之各項調整之攸關性及適當性。

7. 評價人員所作之分析、判斷及結論之適當性、合理性及其是否可被支持。

8. 評價人員出具評價報告前，若與委任人或其同意之相關當事人進行說明因而修改該局部評價工作所採用之重要輸入值，其修改之適當性。評價複核人員應就前項各款逐項形成意見，若與評價人員有不同意見時，應提出理由。

柒、評價複核之報告準則

第二十四條　評價複核報告應以書面為之。

第二十五條　評價複核人員應於評價複核報告中逐項敘明同意或不同意評價流程中各項輸入值之採用與各項推論，及其同意或不同意之理由。

第二十六條　評價複核報告內容應包括充分資訊，使委任人及評價複核報告使用人得以瞭解複核結論及其依據。評價複核報告至少應包含下列項目：

1. 評價複核人員及其所隸屬之評價機構之名稱及地址。

2. 委任人之名稱。

3. 評價複核報告使用人之名稱。

4. 複核之目的及評價複核報告之用途。

5. 複核案件之重大或特殊假設及限制條件。

6. 所執行複核工作之範圍。

7. 依第十二條第一項規定所作之處理。

8. 評價複核報告日。

9. 符合第十九、二十一或二十三條之規定所採用之主要資訊。

10. 複核結論。

11. 評價複核人員及其所隸屬之評價機構已簽章之複核聲明書。

12. 酬金金額及計算基礎。

第二十七條　評價複核報告中之複核聲明書至少應包括下列聲明事項：

1. 於評價複核報告中陳述之事項為真實且正確；使用於複核流程之資訊為合理且適切。

2. 評價複核報告中之各項分析、意見及結論僅受限於本報告所陳述之假設及限制條件，且皆為評價複核人員之個人、公正及不偏之分析、意見及結論。

3. 評價複核人員及其所隸屬之評價機構獨立性之聲明，包括其與評價人員或其所隸屬之評價機構、評價標的、複核案件委任人、評價案件委任人或相關當事人未涉有除該案件酬金以外之現在或預期之重大財務或非財務利益。

4. 評價複核人員及其所隸屬之評價機構對評價標的及相關當事人不存在偏頗。

5. 本複核案件並無複核結論已事先設定之情事。

6. 本複核案件並無或有酬金之情事。

7. 本複核案件之各項分析、意見及結論之形成及報告所遵循之相關法令及是否遵循評價準則公報。

8. 評價複核人員是否已親自實地訪查評價標的（若本聲明書有多於一人簽章時，應具體敘明何人親自實地訪查評價標的）。

9. 評價複核人員是否接受外部專家協助；如接受時，應具體敘明該等協助者之姓名、該等協助之性質及評價複核人員承擔之責任。

第二十八條　評價複核人員應於評價複核報告中敘明是否已取得評價人員用於評價之重大資訊；若評價複核人員未能取得該等資訊，則應於其評價複核報告中揭露該限制條件及其影響。

捌、附則

第二十九條　本公報於中華民國一○二年十月二十五日發布，於中華民國一○九年九月二十五日第一次修訂。第一次修訂條文自中華民國一○九年十二月二十五日起實施，但亦得提前適用。

第九號、評價及評價複核之委任書

壹、前言

第一條　本公報訂定之目的，在規範評價及評價複核之委任書簽

訂，並協助評價人員及其所隸屬之評價機構撰擬該等委任書，以確認委任之評價或評價複核案件之目的與範圍，以及簽訂委任書之各方之權利與義務等重要事項。

第二條　評價人員及其所隸屬之評價機構於簽訂評價及評價複核之委任書時，應遵循本公報。

第三條　評價或評價複核以外之業務，亦可能涉及評價專業之應用，得參考本公報之規定辦理。

第四條　評價人員及其所隸屬之評價機構於執行評價或評價複核前，應簽訂委任書。

貳、評價委任書之內容

第五條　評價委任書至少應載明下列項目，以免簽約各方對委任內容產生誤解：

1. 評價目的及評價標的。
2. 評價工作之範圍及限制。
3. 委任人及評價人員就評價人員及其所隸屬之評價機構獨立性及潛在利益衝突之共識及說明。
4. 委任期間。
5. 擬出具評價報告之類型係詳細報告或簡明報告。
6. 評價報告之使用人。
7. 評價報告之使用限制。
8. 評價基準日，且該評價基準日應為單一日期。
9. 委任人及相關當事人須配合之事項，包括所安排之實地訪查及應提供評價所需之詳實資訊。
10. 評價報告出具之期限及份數。

11. 酬金金額、計算基礎、支付方式及期限。

12. 或有酬金之禁止。

13. 簽約各方之簽章及日期。

第六條　評價委任書之簽約各方依其需要，得將下列項目列入委任書之內容：

1. 評價應遵循之相關法令及準則。

2. 評價之重大或特殊假設。

3. 相關調查之程度。

4. 所使用及依據之資訊來源及性質。

5. 採用外部專家報告時應有之安排，包括委任及責任歸屬事宜。

6. 評價報告使用之語言。

7. 評價報告使用之幣別及單位。

8. 在必要情況下對評價人員責任之限制。

9. 評價人員與委任人間之其他約定，例如：

    (1) 委任人提供資訊之期限。

    (2) 委任人應提供關於資訊眞實性之聲明書。

    (3) 價值標準。

    (4) 價值前提。

第七條　評價委任書應載明，評價報告僅供委任人及其指定之使用人使用，除法令或專業準則規定、同業自律或經所有簽約人書面同意外，簽約各方不得將評價報告之內容向其他人提供或公開，包括抄錄、摘要、引用或揭露。

第八條　評價委任書得載明，對於委任人及評價報告之其他使用人因不當使用評價報告所造成之後果，評價人員及其所隸屬

之評價機構不承擔責任。

第九條　評價委任書應載明，符合評價準則公報第五號「評價工作底稿準則」第二十二條之規定時，評價人員或其所隸屬之評價機構始得對簽約各方以外之人提供評價工作底稿。

第十條　評價委任書得載明中止執行評價工作及終止委任之條件及情況。例如，當評價程序所受限制對價值結論之形成構成重大影響時，評價人員得中止執行評價工作；相關限制於一定時間內無法排除時，評價人員得終止委任。

第十一條　評價委任書得載明，中止執行評價工作後委任人及相關當事人應配合之事項，以及若終止委任，酬金之收取或退回比率或金額及方式與期限。

第十二條　評價委任書得載明，評價工作若因委任人之因素而終止，則評價人員或其所隸屬之評價機構得要求委任人對評價工作終止前已完成之部分支付酬金。

參、評價複核委任書之內容

第十三條　評價複核委任書除本條第二項之規定以外，準用本公報第五至十二條之規定。評價複核委任書之特別規定：

1. 本公報第五條第五款不適用。

2. 本公報第五條第八款之「評價基準日」應改為「複核工作結束日」。

3. 評價複核委任書應載明委任人及相關當事人須配合之事項，包括應提供評價複核所需之詳實資訊，例如評價委任書、評價報告及評價工作底稿。

肆、評價及評價複核之委任書修訂及重新簽訂

第十四條　執行評價或評價複核工作過程中，如評價目的、評價標
　　　　　的、評價基準日、複核目的、複核工作結束日或工作範
　　　　　圍等發生重大變化，評價或評價複核之委任書應予修訂
　　　　　或重新簽訂。

第十五條　評價人員於執行評價工作過程中，如有評價準則公報第
　　　　　二號「職業道德準則」第二十六條之事項時，應及時告
　　　　　知委任人，並與委任人討論且決定是否應修訂或重新簽
　　　　　訂委任書，或採取其他適當之措施。評價複核人員執行
　　　　　評價複核工作時，準用前項規定。

第十六條　評價或評價複核之委任書簽訂後，簽約各方如發現重要
　　　　　相關事項不明確或相關假設或限制條件須作修正，評價
　　　　　或評價複核之委任書得予修訂或重新簽訂。

伍、違約責任及爭議處理

第十七條　評價及評價複核之委任書應載明簽約各方之違約責任。

第十八條　評價及評價複核之委任書應載明爭議處理之方式、地點
　　　　　及適用之法令。

陸、附則

第十九條　本公報於中華民國一○二年十二月二十日發布，於中華
　　　　　民國一○九年九月二十五日第一次修訂。第一次修訂條
　　　　　文自中華民國一○九年十二月二十五日起實施，但亦得
　　　　　提前適用。

第十號、機器設備之評價

壹、前言

第一條　本公報依據評價準則公報第一號「評價準則總綱」訂定。

第二條　評價人員執行機器設備之評價，應遵循本公報，並考量其他評價準則公報之相關規定。

貳、定義

第三條　本公報用語之定義如下：

1. 機器設備：利用機械及其他科學原理製造，為特定個體擁有，用於生產、提供商品或服務、獲取租金或供管理目的使用之有形資產。單台機器設備係指獨立存在且可單獨運作之機器設備；整組機器設備係指由數台機器設備組成，以發揮特定功能。

2. 互補性資產：標的機器設備所附著或與標的機器設備整合之資產，其存在可使標的機器設備達成或增強原設計之效能。

3. 重置成本：重新購買或製作與評價標的效用相近資產之成本。

4. 重製成本：重新製作與評價標的完全相同資產之成本。

參、機器設備評價之基本準則

第四條　評價人員執行機器設備評價時，應依評價案件之委任內容及目的，決定適當之價值標準。

第五條　評價人員執行機器設備評價時，應與委任人討論標的機器設備可能被使用之情境假設，並判斷擬採用之價值前提之

合理性，據以決定適當之價值前提。評價人員應考量價值前提對標的機器設備價值之影響。當評價人員就一個以上之價值前提分別評估價值時，應敘明各價值前提對機器設備價值之影響。

第六條　評價人員評價機器設備時，應考量標的機器設備之相關因素，通常包括：

1. 與資產面相關者：

　(1) 機器設備之現況。

　(2) 機器設備之技術規格。

　(3) 機器設備之剩餘物理年限。

　(4) 機器設備之除役成本及若非現址使用時之移除成本。

　(5) 任何互補性資產之存在。

2. 與環境面相關者：

　(1) 機器設備所依存資源之有限性。

　(2) 機器設備所生產產品之法令限制。

　(3) 環境保護或法令限制對機器設備使用率、營運成本或除役成本之影響。

3. 與經濟面相關者：

　(1) 機器設備之最佳用途。

　(2) 機器設備之獲利能力。

　(3) 機器設備所生產產品之市場需求及供給。

　(4) 機器設備之剩餘經濟效益年限。評價人員至少應調閱會計紀錄及財產目錄，並針對前項各因素進行分析，以瞭解其對機器設備價值之影響。

第七條　標的機器設備若存在互補性資產時，評價人員應考量該等

互補性資產對標的機器設備功能、除役及移除成本等之影響，並考量該等互補性資產及其效能存續之可能性，例如標的機器設備所在之建築物之租賃期間長度可能導致機器設備之作業年限縮短。評價人員應明確界定評價標的之範圍及其互補性資產可得性之假設或特殊假設。

第八條　機器設備之互補性資產，若係附著於不動產，例如提供水電、升降、瓦斯及空調等之附屬設施，通常屬於不動產整體之一部分。若機器設備之互補性資產須單獨評價，評價人員應敘明，該資產價值通常包含於不動產價值內而難以單獨實現其價值。若評價標的之範圍同時包括不動產與機器設備，評價人員應明確區分不動產與機器設備，以避免遺漏或重複計算互補性資產。

第九條　當機器設備之價值受到軟體或技術資料等無形資產之影響時，評價人員應明確界定評價標的之範圍是否包括該等無形資產，並評估其對機器設備價值之影響。

第十條　評價人員為資產減損測試目的，在企業繼續經營假設下對機器設備之使用價值進行評價時，應將該機器設備作為現金產生單位之一部分，以評估其價值及該價值與該特定企業整體價值之相對合理性。評價人員執行資產減損測試時，應依照一般公認會計原則之相關規定處理。

第十一條　評價人員執行機器設備評價時，應界定評價標的為單台機器設備或整組機器設備。當評價標的為整組機器設備時，評價人員應分析整組機器設備綜效對其價值之影響。整組機器設備之價值未必等於其組合中各機器設備價值之加總。

第十二條　若機器設備之部分或全部有融資抵押情形，評價人員應辦認該融資抵押部分，並於必要時將其價值與其他未融資抵押部分之價值分別列示。

肆、機器設備之評價方法

第十三條　針對機器設備評價之主要評價方法包括市場法、成本法及收益法。評價人員應分析三種評價方法之適當性，採用最能合理反映評價標的價值之一種或多種評價方法。

第十四條　當評價標的為一般通用性之機器設備，例如車輛、某些類型之辦公設備或工業用機器，因市場上具有該等機器設備之近期可類比交易之充分資訊，評價人員通常應採用市場法評價該等機器設備。若機器設備為特製且其市場交易之直接證據為不可得時，評價人員應輔以成本法或收益法評價該等機器設備。評價人員若未採用市場法，應於評價報告中敘明其理由。

第十五條　評價人員採用市場法評價機器設備時，至少應考量：

1. 市場是否公開且活絡。

2. 市場交易資訊是否充分及具可靠性。

3. 市場交易之可類比性。

4. 可類比交易資訊之必要調整。

5. 移除、運輸、安裝及調整等因素對機器設備價值評估之影響。評價人員應評估前項第一款及第二款之交易資訊，以決定第三款之可類比性及第四款之必要調整。

第十六條　成本法主要適用於沒有市場交易之機器設備，例如特製

之機器設備。機器設備若明顯為多餘或過時，通常不適用成本法。若機器設備之評價得採用市場法或收益法時，不得以成本法為唯一評價方法。

第十七條　評價人員採用成本法評價機器設備時，應依據標的機器設備之特性採用重置成本法或重製成本法。重製成本法僅適用於下列兩種情況之一：

1. 僅有複製始能提供標的機器設備之效用時。

2. 重製成本低於重置成本時。

第十八條　評價人員採用成本法評價機器設備時，應依據可得之資訊將所有必要合理之現時成本納入重置成本或重製成本之計算。自行重置及重製者，應考量計入標的機器設備之合理報酬及反映因未擁有標的機器設備而在購買或製作標的機器設備期間所可能發生之機會成本。前項重置成本或重製成本若為新品價值，應辨認並考量各陳舊過時因素（包括物理性、功能性、技術性及經濟性）及其對機器設備價值之影響，並作必要調整。

第十九條　當機器設備可產生獨立可辨認之現金流量時，評價人員始得採用收益法評價機器設備。收益法一般不常用於單台機器設備之評價。評價人員若僅採用收益法，應於評價報告中敘明其理由。

第二十條　評價人員採用收益法評價機器設備時，應蒐集並分析下列項目：

1. 標的機器設備之預估利益流量。

2. 標的機器設備之剩餘經濟效益年限。

3. 折現率。

評價人員應評估前項之合理性，且於評估時應考量相關展望性財務資訊及法令規範等因素，並判斷所採用之預估利益流量及折現率是否合理反映標的機器設備之特定風險因素。

伍、評價報告與揭露

第二十一條　評價人員執行機器設備之評價時，應遵循評價準則公報第三號「評價報告準則」出具評價報告，並應敘明標的機器設備之以下資訊，俾使評價報告使用者得以合理瞭解評價標的之性質及限制：

1. 機器設備之清單，包括類別、數量、地點及用途，以及使用與維護狀況等。

2. 評價人員對機器設備狀況之評估紀錄，包括是否執行實地訪查。

3. 機器設備是否具有附著於互補性資產或與互補性資產整合之關係，以及該等互補性資產可得性之假設。

4. 描述前款各互補性資產及說明其對機器設備價值之影響。

5. 機器設備預期改變用途或改變使用地點之特殊假設。

6. 機器設備設定抵押或其他權利限制。

7. 其他特殊假設及評價限制條件。

陸、附則

第二十二條　本公報於中華民國一〇三年十二月十一日發布，於中

華民國一〇九年九月二十五日第一次修訂。第一次修
訂條文自中華民國一〇九年十二月二十五日起實施，
但亦得提前適用。

第十一號、企業之評價

壹、前言

第一條　本公報依據評價準則公報第一號「評價準則總綱」訂定。

第二條　評價人員執行企業評價時，應遵循本公報暨其他評價準則
　　　　公報之相關規定。企業評價係評估並決定企業價值之行為
　　　　或流程，評價標的可為企業整體、企業之部分業務及企業
　　　　權益之全部或部分。

第三條　企業評價之目的通常包括：

1. 交易目的，例如合併、收購、分割、出售、讓與、受
讓、籌資或員工認股。

2. 法務目的，例如訴訟、仲裁、調處、清算、重整或破產
程序。

3. 財務報導目的。

4. 稅務目的。

5. 管理目的。

貳、企業評價之基本準則

第四條　評價人員執行企業評價時，應確認評價標的之性質與範
　　　　圍，惟執行企業權益之評價時，應額外確認受評權益對該
　　　　企業之控制程度（通常應考量權益之集中或分散程度、權

益所有權人間之關係及其他實質影響企業決策之能力）。企業權益之部分價值，不必然等於企業權益之全部價值與其所有權比例之乘積。

第五條　評價人員執行企業評價時，應依評價案件之委任內容及目的，決定適當之價值標準。

第六條　評價人員執行企業評價時，應與委任人討論評價標的可能被使用之情境假設，並判斷擬採用之價值前提之合理性，據以決定適當之價值前提。企業評價通常假設企業未來將繼續經營，亦即企業在可預見之未來將持續正常營業，並無清算或重大縮減其營業範圍之意圖或必要性。繼續經營假設下之價值不必然大於清算假設下之價值。

第七條　評價人員執行企業評價時，應取得足夠及適切之財務及非財務資訊、確認資訊來源之可靠性與適當性，並於評價報告中敘明所依賴之資訊來源。評價人員應對委任人、相關當事人或其他外部專家所提供之資料進行合理性評估；必要時，應與委任人充分討論後，視情況自行或由委任人作適當調整或處理。若有難以評估之事項者，應於評價報告中說明該事實及對價值之可能影響，並列為限制條件。

第八條　評價人員執行企業評價時，應取得足夠及適切之非財務資訊並評估其對價值結論之可能影響，該等資訊通常包括：

1. 企業之屬性（行業別、組織型態及公開發行與否等）與歷史。
2. 企業資產之配置與使用。
3. 組織架構、經營團隊及企業治理。
4. 核心技術、研發能力、行銷網路及特許經營權等。

5. 權益之種類、等級與相關之權利、義務及限制。

6. 產品或服務。

7. 主要客戶與供應商。

8. 競爭者。

9. 企業風險。

10. 產品或服務之市場區域與其產業市場概況。

11. 產業發展、總體經濟環境及政治與監理環境。

12. 策略與未來規劃。

13. 評價標的之市場流通性與變現性。

14. 其他影響價值結論之因素，例如組織章程之限制性條款或股東協議、合夥協議、投資協議、表決權信託協議、權利買賣協議、貸款契約、營運協議及其他契約上之義務或限制。

第九條　評價人員執行企業評價時，應取得足夠及適切之財務資訊並評估其對價值結論之可能影響，該等資訊通常包括：

1. 歷史性財務資訊，包括適當期間之年度與期中財務報表及關鍵財務比率與相關統計數據。

2. 展望性財務資訊，例如企業編製之預算、預測與推估。

3. 企業本身過去適當期間財務資訊之比較分析。

4. 企業與其所處產業財務資訊之比較分析。

5. 用以評估企業之潛在風險與未來展望及其所處產業之趨勢分析。

6. 企業之營利事業所得稅結算申報及其核定情形。

7. 業主之薪酬資訊，包括福利與企業負擔業主個人費用。

8. 企業權益本身過去公開市場交易之價格、條件及情況。

9. 關係人交易資訊。

10. 管理階層所提供之其他相關資訊，例如對企業有利或不利之契約、或有事項、財務報表外之資產負債及公司股權之過去交易資訊。

第十條　評價人員執行企業評價時，應就影響評價之重大事項，對財務報表進行常規化調整，以反映利益流量與資產負債表項目之經濟實質。常規化調整通常包括：

1. 調整收入與費用至預期繼續經營下之合理水準。

2. 調整非營運資產與非營運負債及其相關之收入與費用。此類調整例如：

   (1) 非必要人事費用或成本之移除。惟應於買方或委任人具有控制權及意圖進行該等移除時始得作此調整。

   (2) 非營業必要之資產及閒置資產之調整。企業評價時應先將該等資產及其相關之資產、負債、收入及費用一併移除，並於完成初步價值估計後，將該等資產之價值（例如淨變現價值），於考量稅負影響後之金額加回，以得到整體企業價值之估計值。

3. 調整其他非常規事項。此類調整例如：

   (1) 移除非重複發生事項對損益表及資產負債表之影響，例如不尋常之罷工、新廠之啓用與天災等。惟對多年經常發生但每年之發生係因不同事件所導致之事項，評價人員應審慎評估是否對損益、資產、負債及權益進行調整。

   (2) 異常薪酬之調整，例如：業主之薪酬應調整至其對企業所提供勞務之正常市場水準。冗員之資遣費用

可能應予調整。高階經理人之勞務契約應謹慎檢
視，並就終止該等契約可能產生之成本或費用進行
適當之調整。

(3) 與關係人有關之租賃或其他合約所產生之成本或費
用應依市場價值調整。

第十一條　評價人員若需對歷史性財務資訊進行調整時，應與委任
人充分討論，以對企業有充分瞭解，並取得足夠資訊以
支持調整之適當性。

第十二條　評價人員進行財務報表調整時，應考量受評權益之所有
權人對該企業之控制程度。由於持有非控制權益者對企
業之影響力較小，故對具控制權之權益評價所作之調
整，與對非控制權益評價所作之調整可能有所不同。

第十三條　評價人員執行企業評價時，應採用兩種以上之評價方
法。如僅採用單一之評價方法，應有充分理由，並於評
價報告中敘明。

第十四條　評價人員不論採用何種評價方法評價企業，均應對各評
價方法之輸入值及結果進行合理性檢驗，必要時進行敏
感性分析。

第十五條　評價人員執行企業評價時，在形成價值結論前，應考量
控制權及市場流通性等因素對評價之影響，並於評價報
告中敘明所作溢折價調整之依據及理由。

第十六條　評價人員如採用兩種以上之評價方法時，應對採用不同
評價方法所得之價值估計間之差異予以分析並調節，即
評價人員應綜合考量不同評價方法與價值估計之合理性
及所使用資訊之品質與數量，據以形成合理之價值結

論。

參、企業評價之方法

第十七條　評價人員執行企業評價時，常用之評價方法包括收益法、市場法與資產法。評價人員應依據評價目的、評價標的之性質與資料蒐集之情況等採用適當之評價方法。

第十八條　收益法下常用之評價特定方法，包括利益流量折現法及利益流量資本化法。前項所稱之利益流量可能為各種形式之收益、現金流量或現金股利。評價人員採用收益法時應定義利益流量，並於評價報告中敘明。利益流量折現法係將預估之各期利益流量按適當之折現率予以折現。評價人員應採用與所定義之利益流量相對應之折現率。利益流量資本化法係將具代表性之單一利益流量除以資本化率或乘以價值乘數。評價人員應採用與所定義之利益流量相對應之資本化率或價值乘數。

第十九條　市場法下常用之評價特定方法，包括可類比公司法及可類比交易法。

第二十條　評價人員以資產法評價企業時，應以受評企業之資產負債表為基礎，逐項評估受評企業之所有有形、無形資產及其應承擔負債之價值，並考量表外資產及表外負債，以決定受評企業之價值。

第二十一條　在繼續經營假設下，除因評價標的特性而慣用資產法進行評估外，評價人員不得以資產法為唯一之評價方法。若繼續經營假設不適當，評價人員通常以資產法評估企業價值。

肆、解釋與應用

第二十二條　評價人員採用收益法下之利益流量折現法及利益流量資本化法評價企業時，除考量第十條所列之各項調整外，至少應考量下列因素及其合理性：

1. 資本結構與資金成本。

2. 資本支出。

3. 非現金項目。

4. 影響折現率與資本化率之質性風險因素。

5. 預期未來利益流量之成長或衰退。

評價人員採用收益法下之利益流量折現法評價企業時，除應考量前項各因素外，並應考量下列因素及其合理性：

1. 展望性財務資訊所採用之假設。

2. 展望性財務資訊利益流量之估計。

3. 展望性財務資訊終值之估計。

第二十三條　評價人員採用收益法評價企業時，應依據受評企業本身及所處產業之狀況與未來發展，參考第十條之調整事項及第二十二條之考量因素，決定未來利益流量及預測期間，並考慮預測期間後之狀況與相關終值之估計。當預測之趨勢與受評企業目前狀況存在重大差異時，評價人員應對產生差異之原因及其合理性進行分析，並於評價報告中敘明。

第二十四條　評價人員於決定收益法下之折現率或資本化率時，除考量貨幣時間價值外，尚應考量與利益流量類型及未來營運有關之風險。前項之折現率或資本化率應優先

參考市場中可觀察到類似企業之折現率或資本化率，並依受評企業之特定風險逐一調整該折現率或資本化率。若無法觀察到類似企業之折現率或資本化率時，得以支應受評企業之資金成本為基礎進行調整。評價人員判斷未來永續期間各期利益流量皆按固定比率成長（減少）時，始得採用資本化率將該期間利益流量轉換為單一金額。評價人員使用資本化率時，應於評價報告中敘明如何判斷未來期間各期利益流量為永續及該成長（減少）率為固定。

第二十五條　評價人員採用收益法評價企業時，未來利益流量之風險應反映於利益流量、折現率或兩者之估計，惟不得遺漏或重複反映。

第二十六條　評價人員採用市場法評價企業時，應審慎選擇可類比企業。可類比企業應與受評企業屬於同一產業或屬於受相同經濟因素影響之產業。選擇可類比企業須考量之因素包括：

1. 與受評企業之類似性（就質性與量化之企業特性而言）。

2. 可類比企業資料之數量、可驗證性、時效性及攸關性。

3. 可類比企業之價格是否屬常規交易之價格。

第二十七條　評價人員採用市場法評價企業時，除考量第十條所列之常規化調整外，並應調整會計處理方法（例如折舊或存貨），俾使受評企業與可類比企業之財務資訊具可比性。此外，評價人員應再對受評企業與可類比企

業之相似程度及差異進行比較分析。

第二十八條　評價人員採用市場法評價企業，在選擇、計算與調整價值乘數時，應考量下列事項：

1. 選用能合理估計受評企業價值之價值乘數。

2. 用於比較之價值乘數應採用一致之基礎及計算方法。

3. 評估可類比企業或可類比交易資訊之適當性及可靠性。

4. 辨認影響受評企業價值之因素，並與擬參考之可類比企業或可類比交易進行逐項評比分析，必要時依據企業之特性調整所參考之價值乘數或交易價格，以合理反映受評企業之價值。

第二十九條　評價人員採用資產法評價時，至少應考量下列事項：

1. 各項資產與負債之市場價值或其他適當之現時價值、交易成本及稅負。

2. 採用清算價值評估時，資產應以在市場上短期間處分所可獲得之價值評估，處分資產及結束營業之相關處理成本及稅負亦應列入考量。在此情況下不可辨認之無形資產（例如商譽）可能不具有價值，而可辨認之無形資產（例如專利或商標）則可能仍具價值。

伍、評價報告與揭露之規定

第三十條　評價人員執行企業評價時，應遵循評價準則公報第三號「評價報告準則」出具評價報告。

第三十一條　評價人員應於評價報告中敘明受評企業之重要事項，
　　　　　　通常包括：

1. 企業之屬性與歷史。
2. 主要產品與服務。
3. 市場與客戶狀況。
4. 管理狀況與正常營運流程。
5. 過去之財務狀況與經營績效。
6. 季節或週期因素對營運之影響。
7. 主要資產與負債之狀況。
8. 未來發展前景。
9. 企業權益及企業業務過去之市場交易情形。
10. 影響企業營運之總體經濟與產業因素。
11. 其他必要之說明。評價人員應於評價報告中敘明
　　受評標的存在狀況、權利狀況與所受之限制。

第三十二條　評價人員應於評價報告中敘明受評企業之財務分析及
　　　　　　調整過程，通常包括：

1. 受評企業歷史性財務資訊分析之總結，提供足以達
　　成評價目的所需之彙總資訊。
2. 對企業財務資訊所作之重要調整及其理由。
3. 相關預測所涉及之假設或限制條件。
4. 受評企業與所處產業經營績效之比較。

第三十三條　評價人員執行企業評價時，應就所採用之評價方法及
　　　　　　評價特定方法於評價報告中具體敘明下列事項：

1. 選擇評價方法之過程及依據。
2. 評價特定方法之運用及計算過程。

             3. 折現率、資本化率或價值乘數等重要參數之來源及形成過程。

             4. 對不同價值估計間之差異之綜合分析及說明，以及形成最終價值結論之過程及理由。

第三十四條　評價人員出具企業評價報告時，除應遵循第三十至三十三條之規定外，尚應遵循本公報其他相關揭露之規定。

陸、附則

第三十五條　本公報於中華民國一〇四年十二月三日發布，於中華民國一〇九年九月二十五日第一次修訂。第一次修訂條文自中華民國一〇九年十二月二十五日起實施，但亦得提前適用。

第十二號、金融工具之評價

壹、前言

第一條　本公報依據評價準則公報第一號「評價準則總綱」訂定。

第二條　評價人員執行金融工具之評價時，應遵循本公報及相關評價準則公報。第三條　　當企業或個體對其所持有或發行之金融工具自行執行評價，且該評價係供外部投資者、主管機關或其他企業或個體使用時，應適用第三十三條至第三十六條有關內部控制之規定。

第四條　評價人員於辨認作為評價標的之金融工具時，應考量下列事項：

1. 金融工具之類別。

2. 金融工具係個別金融工具或金融工具之組合。

第五條　金融工具評價之目的包括，但不限於：

1. 收購、合併及出售企業或企業之一部分。

2. 購買及出售。

3. 財務報導。

4. 法令要求，特別是銀行之償債能力及資本適足性要求。

5. 內部風險控制及遵循程序。

6. 稅務目的。

7. 法務目的。

貳、定義

第六條　本公報用語之定義如下：

1. 金融工具：係指一項合約，該合約創造特定企業或個體間收取或支付現金、其他財務對價或權益工具之權利或義務。該合約可能要求企業或個體於特定日期（或特定日期前）或於特定事項發生時進行收取或支付。金融工具可依其是否具衍生性區分為現貨工具及衍生工具。金融工具主要包括債務工具及權益工具。

2. 現貨工具：其價值由資產本身之供需決定者，例如貸款、存款、證券及債券。

3. 衍生工具：自一項或多項標的資產衍生其回報者，例如期貨合約、遠期合約及選擇權。

4. 債務工具：金融工具中形成債權及債務關係之金融交易合約，將使某一企業或個體產生金融資產，另一企業或

個體同時產生金融負債。

5. 權益工具：係指表彰某一企業或個體於資產減除所有負
債後剩餘權益之任何合約。

參、金融工具評價之基本準則

第七條　評價人員應對所評價之金融工具有完整之瞭解，俾能辨認
及評估相同或相似工具之攸關市場資訊。該等資訊可能包
括相同或相似金融工具近期交易之價格、自營商、經紀商
或資訊服務機構之報價、評價流程中使用之指數或其他輸
入值（例如適當之利率曲線或價格波動率）。

交易市場

第八條　具流動性之金融工具（例如上市櫃公司之股票或股價指數
期貨合約）係於主要集中市場交易，且其即時交易價格
係輕易可得（除市場參與者可得外亦可透過各種媒體取
得）。

第九條　許多類型之金融工具（包括許多類型之衍生工具或不具流
動性之現貨工具）未於公開集中市場交易而係透過議價方
式進行交易，且具有不同程度之流動性。例如，某些常見
或單純之交換交易係每日大量發生；而某些客製化之交換
交易因合約之條款禁止轉讓，或該種工具並無市場，故在
初次交易後完全無後續交易發生。

第十條　金融工具若未於公開集中市場交易，或雖於公開集中市場
交易但該市場或其交易變得不活絡時，通常須仰賴評價技
術。於此等情況下，評價人員應特別注意本公報之相關規
定。

信用風險

第十一條　評價人員對債務工具進行評價時，須瞭解信用風險。評價人員通常應考量下列因素以確認及衡量該債務工具對應之信用風險：

1. 交易對方之風險：考量發行人或信用支持提供者之信用風險時，應考量其交易紀錄及獲利能力，亦應考量所處產業之整體表現及未來展望。

2. 清償順位：評估金融工具違約風險時須確認該工具之清償順位。其他金融工具可能對發行人之資產及（或）指定用以償還受評工具之現金流量具有優先求償權利。

3. 財務槓桿：發行人之舉債程度，會影響發行人報酬之波動率，進而會影響信用風險。

4. 擔保資產之品質：應考量若發行人發生違約事件，債務工具持有人是否具有追索權，特別是須瞭解該追索權之權利範圍係針對發行人之所有資產或特定資產。上述資產價值愈高或品質愈佳，則該債務工具之信用風險愈低。

5. 淨額交割或互抵約定：交易對方間互相持有衍生工具時，可能藉由淨額交割或互抵約定而降低信用風險。淨額交割或互抵約定使義務限縮為該等交易之淨值，亦即若一方無力償還，另一方有權利以應支付予該方之總金額，抵銷該方因其他工具所應支付之總金額。

6. 違約保護：許多債務工具包含某種形式之保護，以降低持有者無法受償之風險。保護之形式可能包括第三

方保證、保險合約、信用違約交換或者提供更多之資產以支持或擔保該工具。若有次順位債務工具可吸收標的資產之第一損失，較高順位工具之違約風險將因而降低。當保護之形式為保證、保險合約或信用違約交換時，須辨認保護之提供者，並評估其信用等級。考量第三方之信用等級時，不僅應考量現時狀況，亦應考量其已簽訂之其他保證或保險合約之可能影響。若保證之提供者亦對許多違約相關性高之債券提供保證，其不履約之風險可能大幅增加，進而增加債務工具之信用風險。

第十二條　若交易對方之資訊有限，通常應查詢具有類似風險特性之企業或個體之可得資訊。公開之信用指數可能有助於信用風險之評估。若結構型債券或其他金融工具具有次級市場交易，則可能有足夠之市場資料佐證適當之風險調整。評估哪些信用資料之來源可提供最攸關資訊時，應考量各類債務工具之特性及其對應之信用風險敏感度。適用之風險調整或信用價差係以市場參與者對該特定工具所要求者為基礎。

發行人本身信用風險

第十三條　評價人員對金融負債進行評價時，應考量發行人本身信用風險對該金融負債價值之影響。於進行金融負債之評價時（例如為遵循財務報導之目的）均須假設金融負債能移轉，無論交易對方移轉該金融負債之能力有無限制。有各種不同之可能資訊來源將發行人本身信用風險反映於金融負債之評價中。該等資訊來源包括發行人本

身之債券或所發行其他債務之殖利率曲線、信用違約交換價差或參考反映該金融負債特性之相應資產之價值。惟於許多情況下，金融負債之發行人並無能力移轉金融負債，而僅能向交易對方清償金融負債。

第十四條　評價人員就金融負債發行人之本身信用風險進行金融負債價值調整時，須考量該金融負債之擔保之性質。法律上與發行人分離之擔保通常可降低信用風險。若金融負債之擔保係每日追補，因交易對方受保護而免於因違約事件產生損失，可能無須就發行人本身信用風險作重大調整。惟提供予某一交易對方之擔保，其他交易對方無法取得，因此，雖然某些有擔保之金融負債可能不具重大信用風險，但該擔保之存在可能影響其他金融負債之信用風險。流動性與市場活絡程度

第十五條　金融工具涵蓋之範圍，包括從僅交易雙方同意且無法轉讓予第三方之客製化工具到可於公開集中市場大量交易之工具等各種不同類型。在決定金融工具最適當之評價方法時，須考量該金融工具之流動性及現時市場活絡程度。流動性與市場活絡程度並不相同。資產之流動性係對該資產轉換為現金或約當現金之容易程度及速度之衡量；市場活絡程度則為某段期間交易頻率及數量之衡量，且為一相對而非絕對之衡量。

第十六條　儘管流動性與市場活絡程度係不同之觀念，低流動性或低市場活絡程度均將導致攸關市場資料（亦即評價基準日現時資料或與評價標的充分相似之資產有關之資料）之缺乏，進而使評價面臨挑戰。流動性與市場活絡程度

愈低，則愈須仰賴使用依據其他交易之證據調整輸入值或考量各類輸入值權重俾反映市場變化或資產之不同特性之技術之評價方法。

評價輸入值

第十七條　評價輸入值所需資料之來源，除公開集中市場交易之具流動性之工具，其現時價格對所有市場參與者皆為可觀察且可取得外，一般使用輸入值之來源亦可為自營商、經紀商之報價或同業共識定價服務等。

第十八條　自營商、經紀商報價之可靠程度雖然不及現時且攸關之交易之資訊，但在現時且攸關之交易之資訊無法取得時，自營商、經紀商之報價可作為次佳之資訊來源。惟自營商、經紀商報價之可靠性可能受下列因素影響：

1. 自營商、經紀商通常僅願意就較熱門之金融工具造市及提供報價，而不願意涉及較不流通之金融工具。例如某些發行較久之金融工具因流動性隨時間經過而下降，故可能較難以取得報價。

2. 自營商、經紀商之主要利益在於交易，因此對為實際買進或賣出之詢價通常會進行充分之研究。然而，其通常缺乏誘因以對僅提供予評價之報價進行相同程度之研究，故其資訊之品質可能受影響。

3. 當自營商、經紀商為某項金融工具之交易方時，恐有利益衝突之虞。

4. 自營商、經紀商有誘因對買方客戶作出持有之建議。

第十九條　同業共識定價服務之運作係從數個參與之用戶收集關於某金融工具之價格資訊，故可反映不同來源之報價，並

經由或不經由統計調整以反映報價之分配與相關統計量。

第二十條　同業共識定價服務可克服單一自營商、經紀商相關之利益衝突問題，但該等服務所涵蓋之範圍與單一自營商、經紀商報價之涵蓋範圍相比，可能相同或更為有限。當將任何一組資料作為評價輸入值時，評價人員必須瞭解其來源以及資料提供者對該等資料所作之調整，以評估該等資料於評價流程中應給予之信賴程度。

肆、金融工具之評價方法

第二十一條　許多類型之金融工具（尤其是於集中市場交易者）係以電腦自動化評價模式定期進行評價，該等模式使用演算法分析市場交易並產出金融工具之評價。該等模式通常與專有交易平台連結。本公報不規範對該等模式之詳細檢視過程，而僅規範該等模式產出結果之使用及報導。

第二十二條　金融市場使用之評價方法大部分係以評價準則公報第四號「評價流程準則」所述之市場法、收益法及成本法為基礎。

第二十三條　採用評價特定方法或模式時，須定期以可觀察之市場資料進行校準，以確保所使用之模式可反映現時市場狀況並辨認任何潛在偏差。當市場情況改變時，可能須改變使用之模式或對評價作額外調整，以確保結果最能符合評價目的。

市場法

第二十四條　從相關受認可交易所取得評價基準日或儘可能接近評
價基準日之交易價格，通常為所持有相同金融工具市
場價值之最佳指標。若近期缺乏攸關之交易，則買方
或賣方於評價基準日或儘可能接近評價基準日之攸關
報價可能為次佳之指標。

第二十五條　金融工具之評價，如係參考與評價標的相同之金融工
具之交易價格，其交易之時間與評價基準日接近，且
持有之情況類似時，可能無須對交易價格資訊進行調
整。金融工具之評價，如以可類比標的之交易價格推
估，應考量評價標的與可類比標的間之差異，以適當
之乘數推估評價標的之價值，並作必要之調整，可能
之調整情況例舉如下：

1. 所評價之金融工具與可類比標的之特性不同。
2. 所評價之金融工具與可類比標的之交易規模或數量
   不同。
3. 可類比標的之交易非屬常規交易。
4. 可類比標的交易之時點不適當時，尤其是交易集中
   於市場休市前。

收益法

第二十六條　評價人員得使用現金流量折現法決定金融工具之價
值。金融工具之現金流量於該工具之存續期間可能為
固定或變動。金融工具之條款可決定或估計其未折現
現金流量。金融工具之條款通常包含下列資訊：

1. 現金流量之時點，亦即企業或個體預期何時實現該

工具相關之現金流量。

2. 現金流量之計算，例如對債務工具而言，所適用之票面利率（亦即息票上所載之利率）；對衍生工具而言，如何計算與其標的工具或其標的指數有關之現金流量。

3. 合約中相關選擇權（例如買權或賣權、提前清償、延長或轉換之選擇權）之執行條件。

4. 對金融工具交易方權利之保護，例如與債務工具信用風險有關之條款，或相對於發行人所發行其他工具之清償順位。

第二十七條　決定適當之折現率時，至少須評估為補償貨幣時間成本及與下列項目有關之風險所需之報酬：

1. 金融工具之條款，例如次順位清償。

2. 信用風險，亦即交易對方於到期時支付能力之不確定性。

3. 金融工具之流動性及市場性。

4. 法令或政經環境重大改變之風險。

5. 金融工具之課稅狀況。

第二十八條　當未來現金流量並非以固定之合約金額為基礎時，為提供所需之輸入值，須估計可能發生之收益。為避免重複計算或遺漏風險因素之影響，若預估現金流量已完全反映風險，則折現率應僅反映貨幣時間價值；若預估現金流量未完全反映風險，則折現率應反映尚未反映於現金流量之風險及貨幣時間價值。此外，有關現金流量估計基礎與折現率之估計基礎應一致，例

如，若現金流量係以稅前金額爲基礎估計，則所參考其他金融工具之折現率，亦應以稅前金額爲基礎。

第二十九條 評價人員使用現金流量折現法決定金融工具之價值時，依評價目的之不同，現金流量模式中之輸入值及假設通常須反映市場參與者之要求，或反映持有者於評價基準日之預期或目標。

成本法

第三十條 評價人員使用成本法決定金融工具之價值時，係依替代原則，透過複製方法之使用以進行評價。此方法藉由虛擬或組合之金融工具重製或複製該標的金融工具之風險及現金流量，提供該金融工具之價值指標。此替代係以證券及（或）簡單衍生工具之組合爲基礎，以估計於評價基準日用於互抵或避險該部位之成本。組合之複製通常藉由以較易於評價之複製資產組合（且因而能更有效率地進行每日風險管理）替代，以簡化複雜金融工具組合（例如預期保險理賠或結構型商品）之評價程序。

價值調整

第三十一條 評價人員執行金融工具評價時，在形成價值結論前，尚應考量交易對方間之信用風險調整、投資及籌資成本、交易提前終止、未來管理費用、結清成本、流動性及模式風險等因素對評價之影響。

第三十二條 當所持有部位之移轉將導致控制權益之產生或控制權更替之預期時，可能造成交易價格與所評價金融工具價值間之差異而須加以調整。

伍、與評價有關之內部控制

第三十三條　相較於其他類別之資產，金融工具較常由創造及交易該等工具之同一企業或個體內部執行評價。內部評價會產生評價人員獨立性之疑慮，且因此產生評價客觀性之風險。作為一般性原則，企業或個體之一部門產生之評價結果若將呈現於財務報表或為第三方所使用，則應受企業或個體之獨立部門之審查與核准。對該等評價結果之最終核准權限應與承擔風險之部門分離且完全獨立。職能分工之作法會因企業或個體之性質、所評價金融工具之類型，以及特定類別工具之價值對整體標的之重大性而有所不同。企業或個體應採行適當之規則及控制，以降低使用評價結果之第三方對評價客觀性之疑慮。主管機關對金融工具內部評價之獨立驗證程序另有規定者，非屬本公報之適用範圍。

第三十四條　與評價有關之內部控制包括內部治理及控制程序，其目的係為提高使用者對評價人員所執行之評價流程及所作成之價值結論之信心。

第三十五條　（刪除）

第三十六條　與評價有關之具體內部控制通常包括：

1. 負責評價政策及程序之治理團隊以監督企業或個體之評價流程。必要時，該團隊之組成應包括企業或個體外部之成員。
2. 法令遵循之內部控制制度。
3. 評價模式定期或非定期之測試及校準之規範。

4. 須由外部專家或不同之內部專家進行查證之條件及標準。

5. 定期對市場價格、評價模式及輸入值進行獨立驗證。

6. 須對評價案件進行更透徹調查或要求重新核准之機制。

7. 對於無法直接由市場觀察到之重大輸入值，辨認該重要輸入值之程序（例如建立適當之審核委員會）。

陸、評價報告與揭露之規定

第三十七條　評價人員出具金融工具評價報告時，應遵循評價準則公報第三號「評價報告準則」。

第三十八條　評價人員執行金融工具評價時，應就所採用之評價方法及評價特定方法於評價報告中具體敘明下列事項：

1. 選擇評價方法之過程及依據。

2. 評價特定方法之運用及計算過程。

3. 所使用輸入值之來源及形成過程。

4. 形成最終價值結論之過程及理由。

第三十九條　評價人員須提供足夠資訊俾使評價報告使用者得以合理瞭解每一類別所評價金融工具之性質，以及影響其價值之主要因素，並避免提供無助於使用者瞭解資產性質或與影響價值之因素無關之資訊。評價人員於決定適當之揭露程度時，應考量下列事項：

1. 重大性：某一金融工具或某一類型金融工具之價

值，相對於持有該工具之企業或個體之整體資產及負債之總值或所評價之組合之總值。

2. 不確定性：金融工具於評價基準日之價值可能因金融工具之性質、使用之模式或其輸入值，以及市場異常等因素而具重大不確定性。評價人員應揭露此等重大不確定性之成因及性質。

3. 複雜性：當金融工具之性質較為複雜時，對該工具之性質與影響其價值之因素應作更詳盡之描述。

4. 可比性：金融工具之評價報告應力求前後期之可比性，但使用者對所評價之金融工具之關注重點可能隨時間經過而有所不同，故於市場情況變動時，評價報告及其說明若能反映使用者之資訊需求，將可提升該等資訊之有用性。

5. 金融工具之標的資產：若金融工具之現金流量係源自於特定標的資產，或由特定標的資產擔保，則提供影響該特定標的資產價值相關事項之資訊將可協助使用者瞭解所報導金融工具之價值。

第四十條　評價人員執行財務報導目的之金融工具評價而出具評價報告時，應依評價準則公報第六號「財務報導目的之評價」第二十條之規定於評價報告中作必要揭露，例如價值標準之定義、評價之重要假設、所採用評價輸入值之等級、某些輸入值之敏感性分析及評價報告之使用限制等。

柒、附則

第四十一條　本公報於中華民國一〇五年十二月八日發布，於中華
　　　　　　民國一〇九年九月二十五日第一次修訂。第一次修訂
　　　　　　條文自中華民國一〇九年十二月二十五日起實施，但
　　　　　　亦得提前適用。

二
評價專有名詞中英文
對照表

　　本對照表是參考美國全國認證企業價值分析師協會（NACVA）於 2001 年所頒布之《國際企業評價名詞彙編》（International Glossary of Business Valuation Terms, IGBVT），並依照英文字母的順序所編列。目的是為了提供評價人員的指引，使評價專業及客戶受益，更具體地說，為了要確認價值決定過程的溝通方式，藉以提升評價專業的品質。

英文	中文	說明
Adjusted Book Value Method	調整帳面淨值法	
Adjusted Net Asset Method	調整資產淨值法	或稱為個別調整資產評價法
Appraisal	評價	
Appraisal Approach	評價途徑	
Appraisal Date	評價基準日	
Appraisal Method	評價方法	或稱為評價特定方法
Appraisal Procedure	評價程序	
Arbitrage Pricing Theory	套利定價理論	
Asset (Asset-Based) Approach	資產途徑	或稱為資產法
Beta	貝他係數	
Blockage Discount	大量交易折價	
Book Value	帳面價值	
Business	企業	
Business Risk	企業風險	
Business Valuation	企業評價	
Capital Asset Pricing Model	資本資產定價模型	英文縮寫為 CAPM
Capitalization	資本化	
Capitalization Factor	資本化因子	

英文	中文	說明
Capitalization of Earnings Method	盈餘資本化法	或稱為收益資本化法
Capitalization Rate	資本化率	
Capitalization Structure	資本結構	
Cash Flow	現金流量	
Common Size Statements	共同比財務報表	
Control	控制權	
Control Premium	控制權溢價	
Cost Approach	成本途徑	或稱為成本法
Cost of Capital	資金成本	
Debt-Free	免付息的	
Discount for Lack of Control	缺乏控制權折價	英文縮寫為 DLOC
Discount for Lack of Marketability	缺乏流通性折價	英文縮寫為 DLOM
Discount for Lack of Voting Rights	缺乏投票權折價	
Discount Rate	折現率	
Discount Cash Flow Method	現金流量折現法	英文縮寫為 DCF
Discount Future Earnings Method	未來盈餘折現法	或稱為 Discount Earnings Method
Economic Benefits	經濟利益	
Economic Life	經濟生命週期	
Effective Date	生效日期	
Enterprise	企業	
Equity	股東權益	
Equity Net Cash Flows	股東權益淨現金流量	
Equity Risk Premium	股東權益風險溢酬	

英文	中文	說明
Excess Earnings	超額盈餘	
Excess Earnings Method	超額盈餘法	
Fair Market Value	公平市場價值	英文縮寫為 FMV
Fairness Opinion	公平意見	
Financial Risk	財務風險	
Forced Liquidation Value	強迫清算價值	
Free Cash Flow	自由現金流量	或稱為 Net Cash Flow
Going Concern	繼續經營	
Going Concern Value	繼續經營價值	
Goodwill	商譽	
Goodwill Value	商譽價值	
Guideline Public Company Method	參考上市公司評價法	
Income (Income-Based) Approach	收益途徑	或稱為收益法
Intangible Assets	無形資產	
Internal Rate of Return	內部投資報酬率	
Intrinsic Value	內在價值	
Invested Cost	已投入資本	
Invested Capital Net Cash Flows	已投入資本淨現金流量	
Investment Risk	投資風險	
Investment Value	投資價值	
Key Person Discount	關鍵人員折價	
Levered Beta	槓桿風險	
Liquidity	流動性	

英文	中文	說明
Liquidation Value	清算價值	
Majority Control	主控權	
Majority Interest	具主控權的股權	
Market (Market-Based) Approach	市場途徑	或稱為市場法
Market Capitalization of Equity	股權市值	
Market Capitalization of Invested Capital	投資資本市值	
Market Multiple	市場乘數	
Marketability	市場流通性	
Marketability Discount	缺乏市場流通性折價	
Merger and Acquisition Method	購併評價法	
Mid-Year Discounting	年度期中折現	
Minority Discount	少數股權折價	
Minority Interest	少數股權	
Multiple	資本化乘數	
Net Book Value	淨帳面價值	
Net Cash Flows	淨現金流量	
Net Present Value	淨現值	
Net Tangible Asset Value	有形資產淨值	
Non-Operating Assets	非營運資產	
Normalized Earnings	常規化收益	
Normalized Financial Statements	常規化財務報表	
Orderly Liquidation Value	有秩序清算價值	
Premise of Value	價值前提	或稱為價值情境

英文	中文	說明
Present Value	現值	
Portfolio Discount	投資組合折價	
Price/Earnings Multiple	股價盈餘乘數	
Rate of Return	報酬率	
Redundant Assets	閒置資產	
Report Day	評價報告日	
Replacement Cost New	重置成本	
Reproduction Cost New	重製成本	
Required Rate of Return	所需報酬率	
Return on Equity	股東權益報酬率	
Return on Investment	投資報酬	
Return on Invested Capital	投入資本報酬率	
Risk-Free Rate	無風險利率	
Risk Premium	風險溢酬	
Rule of Thumb	經驗法則	
Special Interest Purchasers	特殊利益買家	
Standard of Value	價值標準	
Sustaining Capital Reinvestment	持續資本再投資	
Tangible Assets	有形資產	
Terminal Value	期末價值	
Transaction Method	交易方式	
Unlevered Beta	未舉債貝他	
Unsystematic Risk	非系統風險	
Valuation	評價	
Valuation Approach	評價途徑	或稱為評價方法

英文	中文	說明
Valuation Date	評價基準日	
Valuation Method	評價方法	或稱為評價特定方法
Valuation Procedure	評價程序	
Valuation Ratio	評價比率	
Value to the Owner	對業主的價值	
Voting Control	投票控制權	
Weighted Average Cost of Capital	加權平均資金成本	英文縮寫為 WACC

國家圖書館出版品預行編目(CIP)資料

企業暨無形資產評價案例研習／林景新,
　陳政大著. -- 二版. -- 臺北市：五南
圖書出版股份有限公司, 2023.02
　　面；　　公分
　ISBN 978-626-343-744-9 (平裝)

1.CST: 財務管理 2.CST: 資產管理

494.7　　　　　　　　　　112000495

1UF1

企業暨無形資產評價案例研習

作　　　者 ─ 林景新（118.7）、陳政大

發 行 人 ─ 楊榮川

總 經 理 ─ 楊士清

總 編 輯 ─ 楊秀麗

副總編輯 ─ 劉靜芬

責任編輯 ─ 林佳瑩

封面設計 ─ 姚孝慈

出 版 者 ─ 五南圖書出版股份有限公司

地　　　址：106台北市大安區和平東路二段339號4樓

電　　　話：(02)2705-5066　　傳　真：(02)2706-6100

網　　　址：https://www.wunan.com.tw

電子郵件：wunan@wunan.com.tw

劃撥帳號：01068953

戶　　　名：五南圖書出版股份有限公司

法律顧問　林勝安律師

出版日期　2019 年 9 月初版一刷
　　　　　2023 年 2 月二版一刷

定　　　價　新臺幣520元

經典永恆・名著常在

五十週年的獻禮 ── 經典名著文庫

　　五南，五十年了，半個世紀，人生旅程的一大半，走過來了。
　　思索著，邁向百年的未來歷程，能為知識界、文化學術界作些什麼？
　　在速食文化的生態下，有什麼值得讓人雋永品味的？

歷代經典・當今名著，經過時間的洗禮，千錘百鍊，流傳至今，光芒耀人；
　不僅使我們能領悟前人的智慧，同時也增深加廣我們思考的深度與視野。
　我們決心投入巨資，有計畫的系統梳選，成立「經典名著文庫」，
　　希望收入古今中外思想性的、充滿睿智與獨見的經典、名著。
　　　這是一項理想性的、永續性的巨大出版工程。
　不在意讀者的眾寡，只考慮它的學術價值，力求完整展現先哲思想的軌跡；
　為知識界開啟一片智慧之窗，營造一座百花綻放的世界文明公園，
　　　任君遨遊、取菁吸蜜、嘉惠學子！